Konrad Reif
Herausgeber

Generatoren, Batterien und Bordnetze

Herausgeber
Prof. Dr.-Ing. Konrad Reif
Duale Hochschule Baden-Württemberg
Ravensburg, Campus Friedrichshafen
Friedrichshafen, Deutschland
editor@reif.re

Grundlagen Kraftfahrzeugtechnik lernen

ISBN 978-3-658-18102-4

Die Deutsche Nationalbibliothek verzeichnet diese Publikation in der Deutschen Nationalbibliographie; detaillierte bibliographische Daten sind im Internet über http://dnb.d-nb.de abrufbar.

Springer Vieweg

Gedruckt auf säurefreiem und chlorfrei gebleichtem Papier.

Springer Vieweg ist Teil von Springer Nature
Die eingetragene Gesellschaft ist Springer Fachmedien Wiesbaden GmbH
Die Anschrift der Gesellschaft ist: Abraham-Lincoln-Str. 46, 65189 Wiesbaden, Germany

Vorwort

Die beständige, jahrzehntelange Vorwärtsentwicklung der Fahrzeugtechnik zwingt den Fachmann dazu, mit dieser Entwicklung Schritt zu halten. Dies gilt nicht nur für junge Leute in der Ausbildung und die Ausbilder selbst, sondern auch für jeden, der schon länger auf dem Gebiet der Fahrzeugtechnik und -elektronik arbeitet. Dabei nimmt neben den klassischen Gebieten Fahrzeug- und Motorentechnik die Elektronik eine immer wichtigere Rolle ein.
Die Aus- und Weiterbildungsangebote müssen dem Rechnung tragen, genauso wie die Studienangebote.

Der Fachlehrgang „Grundlagen Kraftfahrzeugtechnik lernen“ nimmt auf diesen Bedarf Bezug und bietet mit zehn Einzelthemen einen leichten Einstieg in das wichtige und umfangreiche Gebiet der Kraftfahrzeugtechnik. Eine fachlich fundierte und anwendungsorientierte Darstellung garantiert eine direkte Verwertbarkeit des Fachlehrgangs in der Praxis. Die leichte Verständlichkeit machen diesen für das Selbststudium besonders geeignet.

Der hier vorliegende Teil des Fachlehrgangs mit dem Titel „Bordnetze, Batterien und Generatoren“ behandelt eben diese in einer kompakten und übersichtlichen Form. Dabei wird auf deren Aufbau und Funktion eingegangen. Außerdem werden die elektromagnetische Verträglichkeit, Schaltzeichen und Schaltpläne behandelt. Dieser Teil des Fachlehrgangs wurde aus den Heften „Generator und Starter“ und „Batterien und Bordnetze“ aus der Reihe „Automobilelektronik lernen“ zusammengestellt.

Friedrichshafen, im Oktober 2017 Konrad Reif

Inhaltsverzeichnis

Herausgeber

Prof. Dr.-Ing. Konrad Reif

Autoren

Dipl.-Ing. Clemens Schmucker,
Dipl.-Ing. (FH) Hartmut Wanner,
Dipl.-Ing. (FH) Wolfgang Kircher,
Dipl.-Ing. (FH) Werner Hofmeister,
Dipl.-Ing. Andreas Simmel.
(Bordnetze)

Dipl.-Ing. Ingo Koch,
VB Autobatterie GmbH & Co. KGaA, Hannover,
Dipl.-Ing. Peter Etzold,
Dipl.-Kaufm. techn. Torben Fingerle.
(Starterbatterien)

Dipl.-Ing Reinhard Meyer
(Generatoren)

Dipl.-Ing. Roman Pirsch,
Dipl.-Ing. Hartmut Wanner.
(Startanlagen)

Dr.-Ing. Wolfgang Pfaff
(Elektromagnetische Verträglichkeit)

Soweit nicht anders angegeben, handelt es
sich um Mitarbeiter der Robert Bosch GmbH.

Bordnetze

Das Bordnetz eines Kfz besteht aus dem Generator als Energiewandler, einer oder mehreren Batterien als Energiespeicher und den elektrischen Geräten als Verbraucher. Mithilfe der Energie aus der Batterie wird der Fahrzeugmotor über den Starter (Verbraucher) gestartet. Im Betrieb müssen Zünd- und Einspritzanlage, Steuergeräte, die Sicherheits- und Komfortelektronik, die Beleuchtung und weitere Geräte mit Strom versorgt werden.

Elektrische Energieversorgung im Pkw

Bei laufendem Motor liefert der Generator Strom, der je nach Spannungslage im Bordnetz (abhängig von Generatordrehzahl und zugeschalteten Verbrauchern) normalerweise ausreicht, um die Verbraucher zu versorgen und zusätzlich die Batterie zu laden. Ist der Verbraucherstrom I_V im Bordnetz größer als der Generatorstrom I_G (z. B. bei Motorleerlauf), so wird die Batterie entladen. Die Bordnetzspannung sinkt auf das Spannungsniveau der belasteten Batterie. Ist der Verbraucherstrom I_V kleiner als der Generatorstrom I_G, so fließt ein Teil des Stroms als Batterieladestrom I_B in die Batterie. Die Bordnetzspannung steigt bis auf den vom Generatorregler vorgegebenen Sollwert an.

Über die Auswahl von Batterie, Generator, Starter und der anderen Bordnetzverbraucher muss eine ausgeglichene Ladebilanz der Batterie sichergestellt werden, sodass
- immer ein Starten des Verbrennungsmotors möglich ist und
- im abgestellten Zustand bestimmte elektrische Verbraucher noch angemessene Zeit betrieben werden können.

Die Temperatur, bei der der Motor noch gestartet werden kann, ist u. a. abhängig von der Batterie (Kapazität, Kälteprüfstrom, Ladezustand, Innenwiderstand usw.) und dem Starter (Bauart, Baugröße und Leistung). Soll der Motor z. B. bei -20 °C gestartet werden können, so muss ein Mindestladezustand p der Batterie vorhanden sein.

Entscheidenden Einfluss auf die Ladebilanz der Batterie haben - neben der Batterie selbst - die Stromabgabe des Generators sowie die Leistung der Verbraucher.

Stromabgabe des Generators

Die Stromabgabe des Generators ist drehzahlabhängig. Bei Motorleerlaufdrehzahl n_L kann der Generator bei gängigen Übersetzungsverhältnissen (Kurbelwelle zu Generator) von 1:2 bis 1:3 nur einen Teil seines Nennstroms abgeben. Der Nennstrom wird definitionsgemäß bei der Generatordrehzahl 6000 min^{-1} abgegeben.

1 Mögliche Starttemperatur in Abhängigkeit vom Batterie-Ladezustand

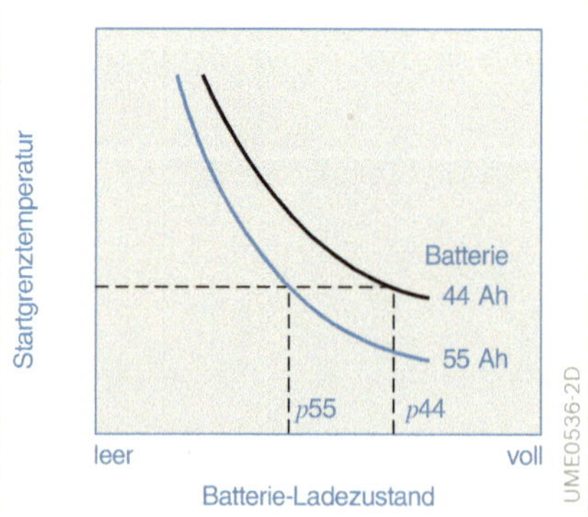

2 Generatorstromabgabe I_G in Abhängigkeit von der Generatordrehzahl

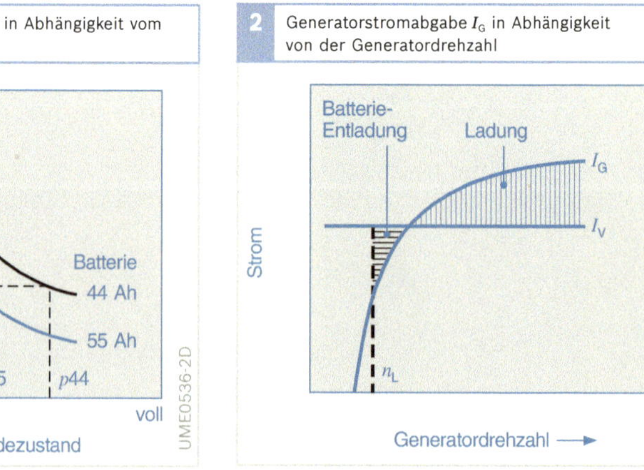

Bild 1
p Mindestladezustand

Bild 2
I_V Verbraucherstrom
n_L Motorleerlaufdrehzahl

Leistung der Verbraucher

Die elektrischen Verbraucher haben unterschiedliche Einschaltdauern. Man unterscheidet zwischen Dauerverbrauchern (Zündung, Kraftstoffeinspritzung usw.), Langzeitverbrauchern (Beleuchtung, Heckscheibenheizung usw.) und Kurzzeitverbrauchern (Blinklicht, Bremslicht usw.).

Die Benutzung mancher elektrischer Verbraucher hängt von der Jahreszeit ab (Klimaanlage, Sitzheizung). Die Einschalthäufigkeit elektrischer Kühlerventilatoren hängt von der Temperatur und vom Fahrbetrieb ab. Im Winter wird überwiegend mit Beleuchtung gefahren.

Die benötigte Verbraucherleistung ist während einer Fahrt nicht konstant. Sie ist insbesondere in den ersten Minuten nach dem Start sehr hoch und sinkt dann ab:

- Eine elektrische Frontscheibenheizung benötigt zum Abtauen der Scheibe für 1...3 Minuten nach dem Start bis zu 2 kW.
- Die Sekundärluftpumpe, die Luft direkt hinter dem Brennraum zum Nachverbrennen des Abgases einbläst, läuft bis zu 3 Minuten nach dem Start.
- Weitere Verbraucher wie Heizung (Heckscheibe, Sitze, Spiegel usw.), Gebläse und Beleuchtung sind je nach Situation kürzer oder länger eingeschaltet, während das Motormanagement ständig in Betrieb ist.

Laden der Batterie

Die Batterieladespannung muss aufgrund der chemischen Vorgänge in der Batterie bei Kälte höher, bei Wärme niedriger sein. Die Gasungsspannungskurve gibt die maximal zulässige Spannung an, bei der die Batterie nicht gast. Ein Regler begrenzt die Spannung, wenn der Generatorstrom I_G größer ist als die Summe aus benötigtem Verbraucherstrom I_V und dem temperaturabhängigen maximal zulässigen Batterieladestrom I_B. Regler sind üblicherweise an den Generator angebaut. Bei größeren Abweichungen zwischen Reglertemperatur und Batterie-Säure-Temperatur ist es von Vorteil, die Temperatur für die Spannungsregelung direkt an der Batterie zu erfassen. Der Spannungsfall auf der Ladeleitung Generator/Batterie kann durch einen Regler mit unmittelbarer Messung des Spannungs-Istwertes an der Batterie berücksichtigt werden.

Die Anordnung von Generator, Batterie und Verbrauchern beeinflusst den Spannungsfall auf der Ladeleitung und damit die Ladespannung. Sind alle Verbraucher batterieseitig angeschlossen, fließt auf der Ladeleitung der Gesamtstrom $I_G = I_B + I_V$. Durch den relativ hohen Spannungsfall sinkt die Ladespannung entsprechend stark ab.

1 Installierte Verbraucher mit Berücksichtigung der Einschaltdauer (Beispiele)

Verbraucher	Leistungsaufnahme	Mittlere Verbraucherleistung
Motronic, Elektrokraftstoffpumpe	250 W	250 W
Radio	20 W	20 W
Standlicht	8 W	7 W
Abblendlicht	110 W	90 W
Kennzeichenleuchte, Schlussleuchte	30 W	25 W
Kontrollleuchte, Instrumente	22 W	20 W
Beheizbare Heckscheibe	200 W	60 W
Innenraumheizung, Gebläse	120 W	50 W
Elektrischer Kühlerventilator	120 W	30 W
Scheibenwischer	50 W	10 W
Bremslicht	42 W	11 W
Blinklicht	42 W	5 W
Nebelscheinwerfer	110 W	20 W
Nebelschlussleuchte	21 W	2 W
Summe		
Installierte Verbraucherleistung	1145 W	
Mittlere Verbraucherleistung		600 W

Tabelle 1

Sind dagegen alle Verbraucher generatorseitig angeschlossen, ist der Spannungsfall kleiner, die Ladespannung höher. Dabei können Verbraucher, die empfindlich sind gegen Spannungsspitzen oder Spannungswelligkeit (Elektronik), beschädigt oder gestört werden. Es empfiehlt sich, spannungsunempfindliche Verbraucher mit höherer Leistungsaufnahme in Generatornähe und spannungsempfindliche Verbraucher mit kleinerer Leistungsaufnahme in Batterienähe anzuschließen.

Geeignete Leitungsquerschnitte und gute Verbindungsstellen, deren Übergangswiderstände sich auch nach längerer Betriebszeit nicht verschlechtern, halten Spannungsfälle klein.

Auslegung des Bordnetzes

Dynamische Systemkennlinie

Die dynamische Systemkennlinie stellt den Verlauf der Batteriespannung über dem Batteriestrom während eines Fahrzyklus dar. Die Hüllkurven geben das Zusammenwirken der Komponenten Batterie, Generator, Verbraucher, Temperatur, Drehzahl und Übersetzung Motor/Generator wieder. Eine große Fläche in der Hüllkurve bedeutet, dass bei dieser Bordnetzauslegung in dem gewählten Fahrzyklus starke Spannungsschwankungen auftreten und die Batterie stärker zyklisiert wird, d. h. dass ihr Ladezustand starke zeitliche Änderungen erfährt. Die Systemkennlinie ist spezifisch für jede Kombination und jede Betriebsbedingung und damit eine dynamische Angabe. Die dynamische Systemkennlinie kann an den Klemmen der Batterie gemessen und mit Messsystemen aufgezeichnet werden.

Ladebilanzrechnung

Anhand der Ladebilanzrechnung wird die Auslegung von Generator und Batterie festgelegt. Mithilfe eines Computerprogramms wird aus der Verbraucherlast und der Generatorleistung der Batterieladezustand am Ende eines vorgegebenen Fahrzyklus berechnet. Ein üblicher Zyklus für Pkw ist *Berufsverkehr* (niedriges Drehzahlangebot) kombiniert mit *Winterbetrieb* (geringe Ladestromaufnahme der Batterie und hoher elektrischer Verbrauch). Auch unter diesen für den Energiehaushalt des Bordnetzes sehr ungünstigen Bedingungen muss die Batterie eine ausgeglichene Ladebilanz aufweisen.

Fahrprofil

Das Fahrprofil als Eingangsgröße für die Ladebilanzrechnung wird durch die Summenhäufigkeitslinie der Motordrehzahl dargestellt. Sie gibt an, wie häufig eine bestimmte Motordrehzahl erreicht oder überschritten wird.

3 Dynamische Systemkennlinie (Hüllkurve bei Stadtfahrt)

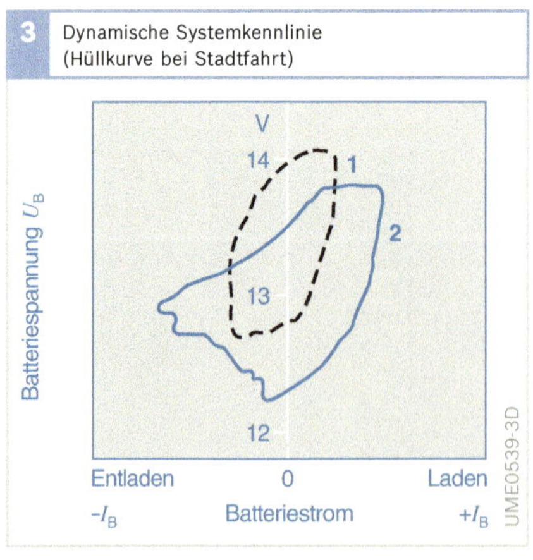
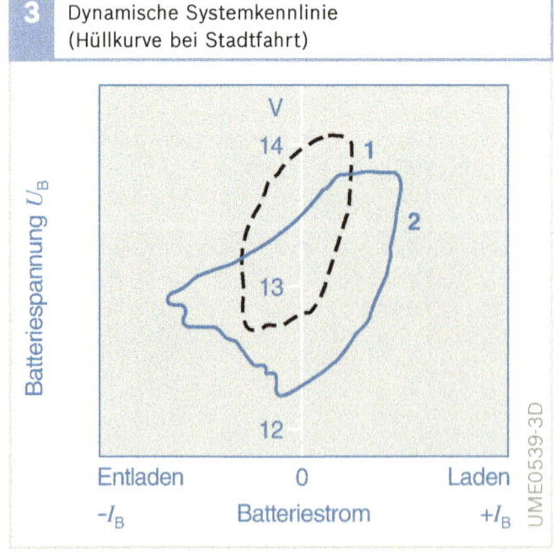

Bild 3

1 bei großem Generator und kleiner Batterie

2 bei kleinem Generator und großer Batterie

4 Summenhäufigkeit der Motordrehzahl bei Stadt- und Autobahnfahrt

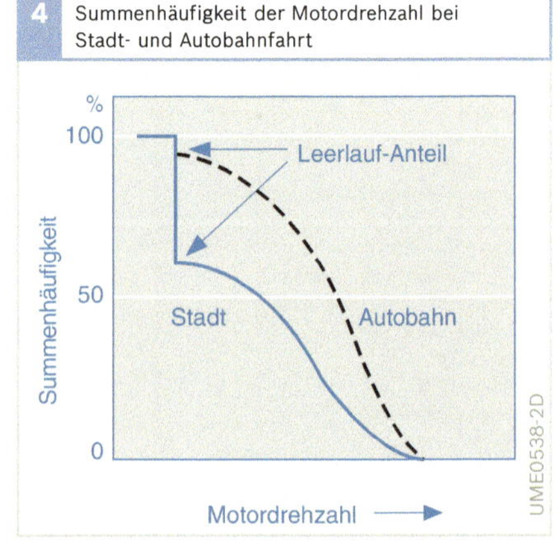

Ein Pkw hat bei Stadtfahrt im Berufsverkehr einen hohen Anteil an Motorleerlaufdrehzahl, bedingt durch häufigen Halt an Ampeln und infolge hoher Verkehrsdichte.

Ein Stadtbus im Linienverkehr hat zusätzliche Leerlaufanteile wegen der Fahrtunterbrechungen an Haltestellen. Auf die Ladebilanz der Batterie wirken sich außerdem Verbraucher negativ aus, die bei abgestelltem Motor betrieben werden. Omnibusse im Reiseverkehr haben im Allgemeinen nur einen geringen Leerlaufanteil, aber unter Umständen Stillstandsverbraucher mit hoher Leistungsaufnahme.

Bordnetzsimulation

Im Gegensatz zur summarischen Betrachtung bei Ladebilanzrechnungen lässt sich die Situation der Bordnetz-Energieversorgung mit modellgestützten Simulationen zu jedem Betriebszeitpunkt berechnen. Hier können auch Bordnetz-Managementsysteme mit einbezogen und in ihrer Auswirkung beurteilt werden.

Neben der reinen Batteriestrombilanzierung ist es möglich, den Bordnetzspannungsverlauf und die Batteriezyklisierung zu jedem Zeitpunkt einer Fahrt zu registrieren. Berechnungen mit Hilfe von Bordnetzsimulationen sind immer dann sinnvoll, wenn es um den Vergleich von Bordnetztopologien und um die Auswirkungen hochdynamischer oder nur kurzfristig eingeschalteter Verbraucher geht.

Kraftstoffverbrauch

Da der Kraftstoffverbrauch eines Fahrzeugs u. a. von dessen Masse abhängt, wirkt sich auch die Masse des Generators auf den Verbrauch aus.

Auch die Leistungserzeugung durch den Generator hat Einfluss auf den Kraftstoffverbrauch: Der Mehrverbrauch bei 100 W erzeugter elektrischer Leistung liegt in der Größenordnung von 0,17 *l* auf 100 km Fahrstrecke und ist abhängig vom Wirkungsgrad des Generators. Generatoren mit höherem Teillastwirkungsgrad leisten deshalb trotz eines geringen Mehrgewichts i. d. R. einen Beitrag zur Kraftstoffeinsparung.

Elektrisches Energiemanagement

Ein Elektrisches Energiemanagement (EEM) koordiniert während der Fahrt das Zusammenspiel von Generator, Spannungswandler, Batterien und elektrischen Verbrauchern. Bei abgestelltem Fahrzeug überwacht das EEM die Batterien und schaltet Stillstands- und Ruhestromverbraucher ab, sobald die Batterieladung eine kritische Grenze erreicht. Das EEM

5 Bordnetz mit Anschluss der Verbraucher an Generator und Batterie

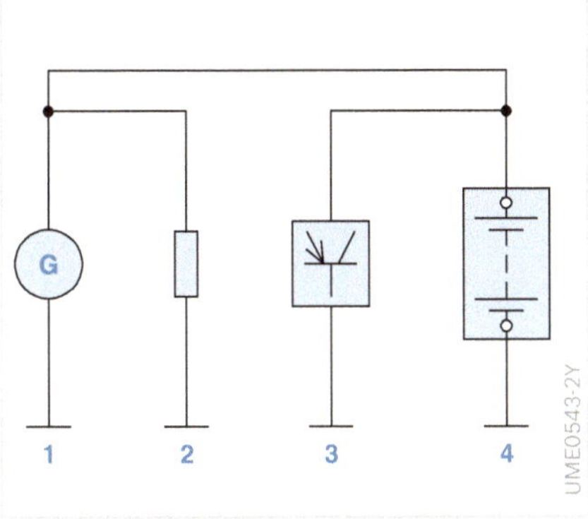

UME0543-2Y

Bild 5
1 Generator
2 Verbraucher mit höherer Leistungsaufnahme
3 Verbraucher mit geringer Leistungsaufnahme
4 Batterie

6 Verbraucherleistung in Abhängigkeit von der Fahrzeit

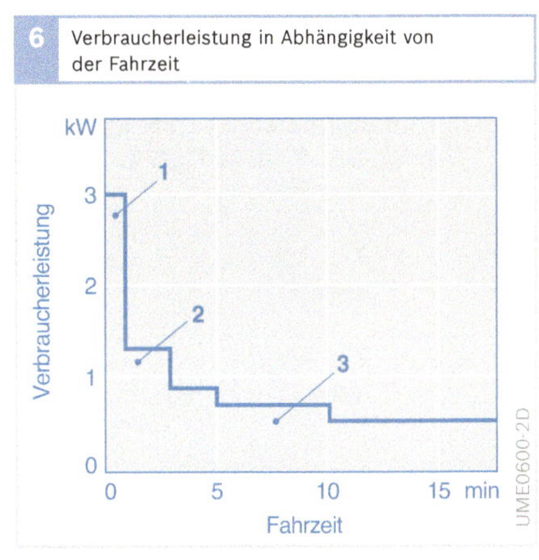

Bild 6
1 Frontscheibenheizung
2 Sekundärluftpumpe
3 Heizung, Gebläse, Motormanagement usw.

regelt den gesamten elektrischen Energiehaushalt. Es vergleicht die Leistungsanforderung der Verbraucher mit dem Leistungsangebot des Bordnetzes und sichert im Mittel ein Gleichgewicht zwischen Leistungserzeugung und Leistungsabgabe.

Grundlage für das EEM ist das Batteriemanagement. Ziel des Batteriemanagements ist es, dem EEM Informationen über den aktuellen Zustand der Batterie und über das zukünftig erwartete elektrische Verhalten zu übermitteln. Mit Hilfe dieser Informationen lassen sich Betriebsstrategien zur Erhöhung der Fahrzeug-Verfügbarkeit sowie der Wirtschaftlichkeit umsetzen.

Das Batteriemanagement übermittelt dem EEM die batterierelevanten Größen wie z. B. den Ladezustand (state of charge, SOC), den Alterungszustand (state of health, SOH) und die Leistungsfähigkeit der Batterie (state of function, SOF). SOF gibt eine Vorhersage, wie die Batterie auf ein vorgegebenes Lastprofil reagieren wird, z. B. ob ein Start mit dem momentan gültigen Batteriezustand gelingen würde.

Diese Werte werden über komplexe modellbasierte Algorithmen aus der Messung von Batteriestrom, -spannung und -temperatur berechnet.

Mit Hilfe der Batteriedaten kann das EEM die optimale Ladespannung bestimmen und bei nachlassender Leistungsfähigkeit die Bordnetzlast reduzieren (Verbraucher abschalten) und/oder die Leistungserzeugung erhöhen (z. B. durch Leerlaufdrehzahlerhöhung).

Sinkt die Leistungsfähigkeit der Batterie trotz der durchgeführten Maßnahmen unter einen vorgegebenen Schwellwert, kann das EEM den Fahrer warnen, dass bestimmte Funktionalitäten (z. B. Motorstart) mit dem aktuellen Batteriezustand nicht verfügbar sein werden.

Batteriezustandserkennung

Das Steuergerät, das die Batteriezustandserkennung (BZE) ermöglicht, ist der elektronische Batteriesensor EBS (teilweise werden auch EEM-Funktionen auf diesem Steuergerät realisiert). Der Sensor mit integrierter Auswerteelektronik erfasst die elementaren Batteriegrößen Spannung, Strom und Temperatur. Daraus berechnet er mit Hilfe komplexer

7 Elektrisches Energiemanagement (EEM)

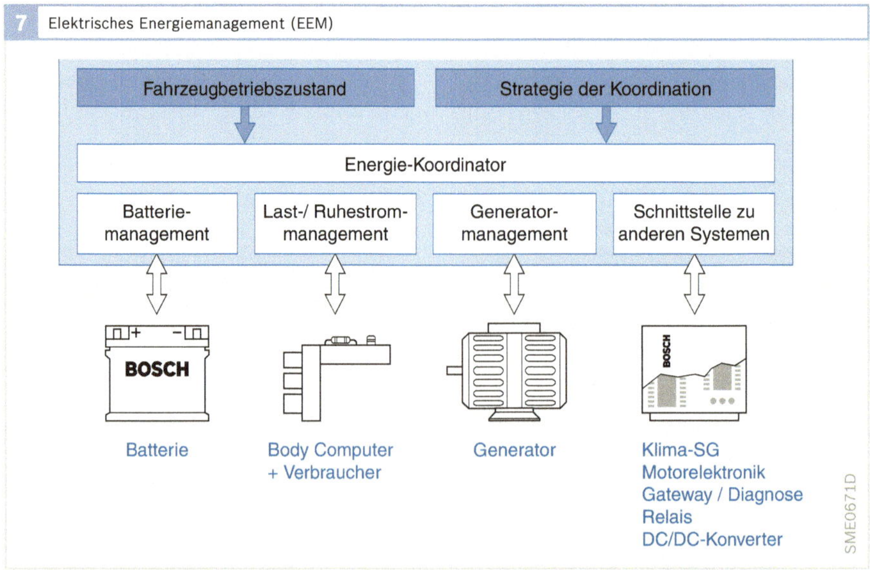

Software-Algorithmen die Größen, die den Zustand der Autobatterie beschreiben.

Der elektronische Batteriesensor besteht aus einem Chip, der die gesamte Elektronik beherbergt, und aus einem Widerstandselement zur Strommessung. Beides bildet gemeinsam mit der Polklemme eine Montageeinheit, die direkt an die Autobatterie angeschlossen werden kann und die in die Polnische üblicher Autobatterien passt.

Folgende Aufgaben des elektrischen Energiemanagements werden durch den Einsatz der Batteriezustandserkennung ermöglicht:

- Absicherung der Startfähigkeit (SOF) durch Einhaltung definierter Grenzwerte der Batterieleistungsfähigkeit und Erhöhung der Fahrzeugverfügbarkeit,
- Reduzierung des elektrischen Leistungsbedarfs und Verbrauchsreduzierung durch Generatormanagement mit Anpassung der Generatorspannung,
- größere Flexibilität bei der Auslegung von Batterie- und Generatorgröße durch übergeordnetes Energiemanagement (Optimierung der Wirtschaftlichkeit),
- Verlängerung der Batterielebensdauer (z. B. durch Vermeiden von Tiefentladung),
- Batteriewechsel-Indikation.

Bei Stopp-Start-Anwendungen können zudem folgende Funktionen erfüllt werden:

- Prädiktion der Startfähigkeit nach einem definierten Fahrzeugstillstand (Zeit, Temperatur, Ruhestrom, Stromverbrauch während der Stopp-Phase),
- Sicherstellung einer Ladungsreserve der Batterie in der Stopp-Phase (z. B. durch Abschalten von Verbrauchern).

Zwei-Batterien-Bordnetz

Bei der Auslegung einer Fahrzeugbatterie, die sowohl den Starter als auch die weiteren Verbraucher im Bordnetz versorgt, muss ein Kompromiss zwischen verschiedenen Anforderungen gefunden werden.

Während des Startvorganges wird die Batterie mit hohen Strömen (300...500 A) belastet. Der damit verbundene Spannungseinbruch wirkt sich nachteilig auf

8 Zwei-Batterien-Bordnetz (Ansicht)

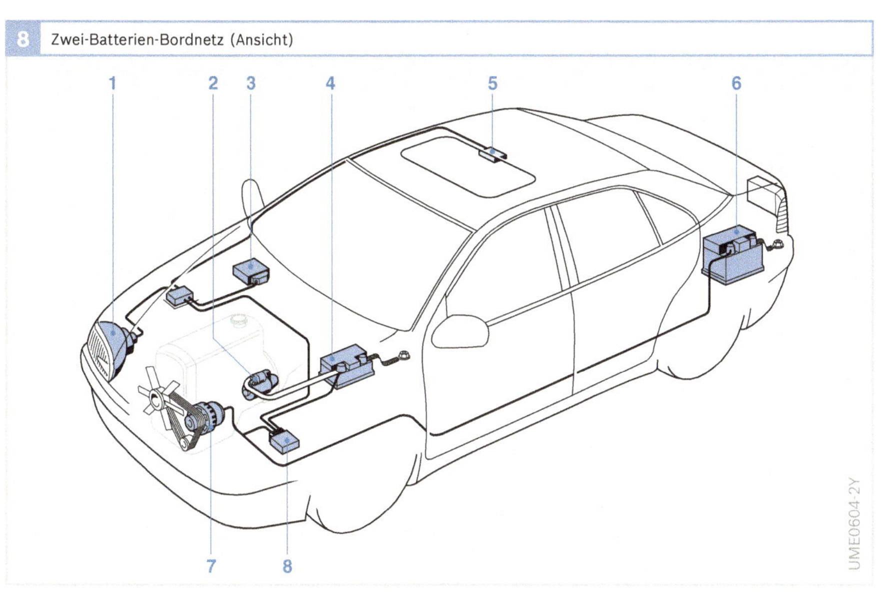

Bild 8
1 Lichtanlage (Bordnetz)
2 Starter
3 Motormanagement (Bordnetz)
4 Startbatterie
5 weitere Bordnetzverbraucher (z. B. Schiebedachbetätigung)
6 Versorgungsbatterie
7 Generator
8 Lade-/Trennmodul

bestimmte Verbraucher aus (z. B. Geräte mit Mikrocontroller) und sollte so gering wie möglich sein. Im Fahrbetrieb fließen dagegen nur noch vergleichsweise geringe Ströme; für eine zuverlässige Stromversorgung ist dabei die Kapazität der Batterie maßgebend. Beide Eigenschaften - Nennleistung und Kapazität - lassen sich nicht gleichzeitig optimieren.

Bei Bordnetzausführungen mit zwei Batterien (Startspeicher und Versorgungsbatterie) werden durch das Bordnetzsteuergerät die Batteriefunktionen „Bereitstellung hoher Leistung für den Startvorgang" und „Versorgung des Bordnetzes" getrennt, um den Spannungseinbruch im Bordnetz beim Start zu vermeiden und einen Kaltstart auch bei einem niedrigen Ladezustand der Versorgungsbatterie sicherzustellen.

Startspeicher

Der Startspeicher muss nur für eine begrenzte Zeit (Startvorgang) einen hohen Strom liefern. Er wird daher auf eine hohe Leistungsdichte (hohe Leistung bei geringem Gewicht) ausgelegt. Weil er ein kleines Volumen hat, kann er in der Nähe des Starters eingebaut und mit diesem über eine kurze Zuleitung verbunden sein. Die Kapazität ist reduziert.

Versorgungsbatterie

Die Versorgungsbatterie ist ausschließlich für das Bordnetz (ohne Starter) vorgesehen. Sie liefert Ströme zur Versorgung der Bordnetzverbraucher (z. B. ca. 20 A für das Motormanagement), ist aber stark zyklisierbar, d. h. sie kann große Energiemengen bereitstellen und speichern. Die Dimensionierung richtet sich im Wesentlichen nach der erforderlichen Kapazitätsreserve für eingeschaltete Verbraucher, den Verbrauchern bei stehendem Motor (Ruhestromverbaucher, z. B. Parklicht, Warnblinklicht, Wegfahrsperre) und der zulässigen Entladetiefe.

Bordnetz-Steuergerät

Das Bordnetz-Steuergerät (BN-SG) im Zwei-Batterien-Bordnetz trennt den Startspeicher und den Starter vom übrigen Bordnetz, solange dieses von der Versorgungsbatterie ausreichend versorgt werden kann. Es verhindert damit, dass sich der vom Startvorgang verursachte Spannungseinbruch im Bordnetz auswirkt. Bei abgestelltem Fahrzeug verhindert es eine Entladung des Startspeichers durch eingeschaltete Verbraucher bei Motorstillstand und durch Stillstandsverbraucher.

Durch die Trennung der Startseite vom übrigen Bordnetz besteht auf der Startspeicherseite prinzipiell keine Einschränkung für das Spannungsniveau. Damit kann die Ladespannung über DC/DC-Wandler optimal an die Starter-Batterie angepasst werden, sodass die Ladedauer minimiert wird.

9 Zwei-Batterien-Bordnetz (Schema)

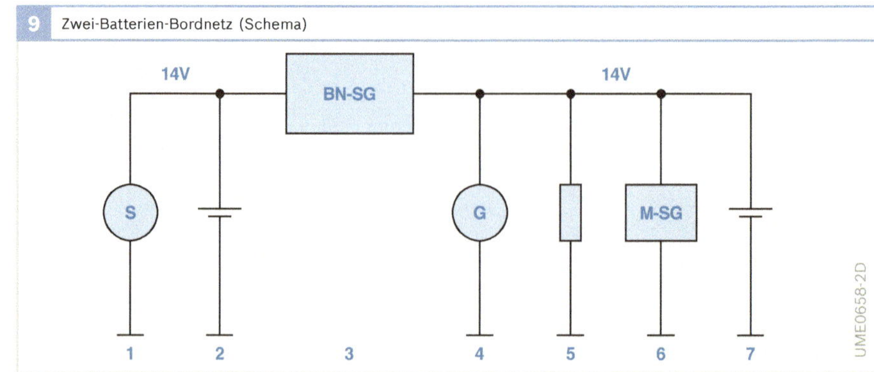

Bild 9
1 Starter
2 Startspeicher
3 Bordnetzsteuergerät
4 Generator
5 Verbraucher
6 Motorsteuergerät
7 Versorgungsbatterie

Bei leerer Versorgungsbatterie ist das Steuergerät in der Lage, beide Bordnetzbereiche vorübergehend zu verbinden und damit das Bordnetz über den vollen Startspeicher zu stützen. In einer weiteren möglichen Ausführung schaltet das Steuergerät für den Start nur die startrelevanten Verbraucher auf die jeweils volle Batterie.

Bordnetze für Nkw

Batterieumschaltung 12/24V

Verschiedene schwere Nutzfahrzeuge haben eine gemischte 12/24-V-Anlage, d.h. die Versorgungsspannung kann zwischen 12 und 24 V umgeschaltet werden. In diesen Anlagen sind der Generator zur Spannungserzeugung und die elektrischen Komponenten mit Ausnahme des Starters für die Nennspannung 12 V ausgelegt. Der Starter hingegen hat eine Nennspannung von 24 V. Damit wird die Leistungsabgabe erreicht, die z.B. zum Starten großer Dieselmotoren erforderlich ist.

Das System besteht aus zwei 12-V-Batterien, die im normalen Fahrbetrieb und bei stillstehendem Motor parallel geschaltet sind. Die Spannung verändert sich bei der Parallelschaltung nicht, das Bordnetz wird mit 12 V versorgt. Die Gesamt-Kapazität der beiden Batterien ist die Summe der Einzelkapazitäten.

Beim Betätigen des Zünd-Start-Schalters schaltet ein Batterieumschaltrelais die beiden Batterien automatisch in Reihe, sodass während des Startvorgangs an den Starterklemmen eine Spannung von 24 V anliegt. Alle anderen Verbraucher werden auch jetzt mit 12 V versorgt.

Nach Beendigung des Startvorgangs, d.h. nach Loslassen des Zünd-Start-Schal-

10 Schaltung einer Startanlage mit einem Batterieumschaltrelais

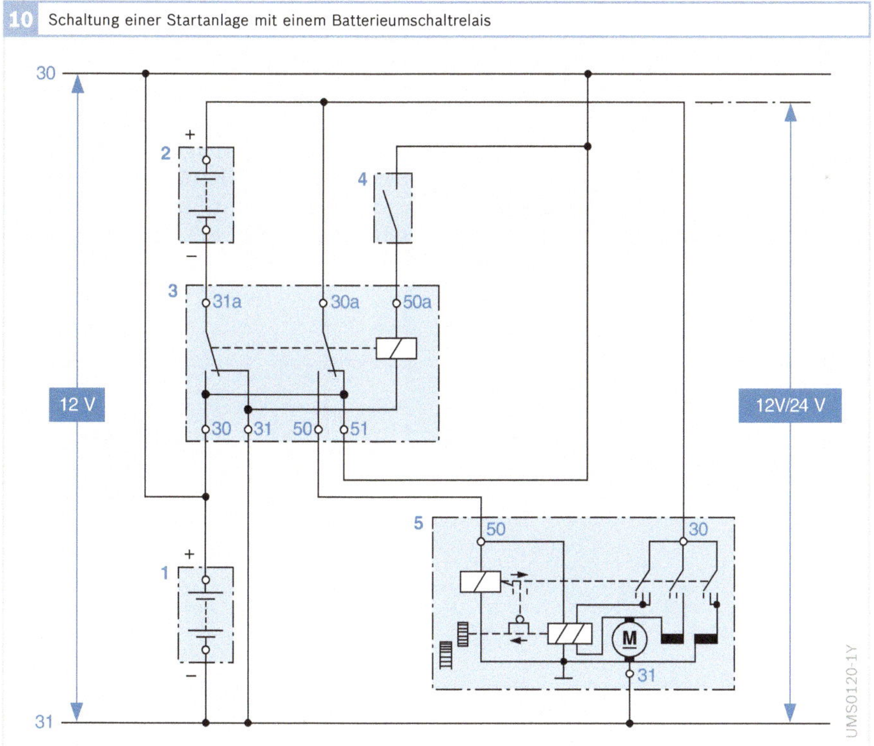

Bild 10
1 12-V-Batterie I
2 12-V-Batterie II
3 Batterieumschaltrelais
4 Zünd-Start-Schalter
5 24-V-Schalter

ters und Ausschalten des Starters, schaltet das Batterieumschaltrelais die Batterien wieder parallel. Während des Betriebs des Motors lädt der 12-V-Generator beide Batterien wieder auf.

Die Kapazitäten von zwei parallel geschalteten Batterien sollten gleich sein, um eine gleichmäßige Stromverteilung beim Laden und Entladen zu erreichen. Ebenso sollte die Schaltung der Batterien symmetrisch sein, d. h. die Anschlusskabel sollten die gleiche Länge und den gleichen Querschnitt haben.

Komponenten im Bordnetz

Die beschriebenen Komponenten sind z. T. auch in Pkw-Bordnetzen verwendbar. Dort werden sie jedoch nur selten und als Sonderausstattung eingesetzt.

Batterieschalter

Die elektrische Anlage im Kraftfahrzeug ist im Allgemeinen so ausgeführt, dass nach Abziehen des Schlüssels des Zünd-Start-Schalters die elektrischen Leitungen von diesem Schalter z. B. zu der Zündanlage, zu den Steuergeräten (Motronic, ABS), zu den Wischern usw. stromlos sind.

Die Leitungen zum Starter, zum Zünd-Start-Schalter und zum Lichtschalter stehen jedoch unter Spannung. Eine durchgescheuerte Stelle in diesen Leitungen kann die Isolationswiderstände verringern und Kriechströme oder einen Kurzschluss hervorrufen. Die Folgen sind eine entladene Batterie oder die Möglichkeit eines Brandes. Durch einen Batterieschalter lässt sich die Batterie vollständig vom Bordnetz trennen, um diese Gefahren zu unterbinden.

Der einpolige Batterieschalter wird in die Masseleitung (Minuspol) der Batterie eingebaut und zwar in unmittelbarer Nähe der Batterie. Der Schalter sollte vom Fahrer leicht bedienbar sein.

Bei Anlagen mit Drehstromgeneratoren ist ein Betrieb ohne Batterie wegen der Gefahr von Spannungsspitzen (Zerstörung elektronischer Komponenten) nicht zulässig. Deshalb darf der Batterieschalter bei solchen Anlagen nur bei stehendem Motor betätigt werden.

Batterierelais

Für elektrische Anlagen in Omnibussen, Tankwagen usw. ist ein Batterierelais als Hauptschalter vorgeschrieben, mit dem das Bordnetz von der Batterie getrennt werden kann. Dadurch lassen sich sowohl Kurzschlüsse (z. B. bei Reparaturen) als auch durch Kriechströme verursachte Zersetzungserscheinungen an spannungsführenden Teilen vermeiden.

11 Batterieschalter

12 Batterierelais

Bei Anlagen dieser Art mit einem Drehstromgenerator ist, um unzulässige Spannungsüberhöhungen zu vermeiden, ein zweipoliger elektromagnetischer Batteriehauptschalter notwendig, der verhindert, dass der Generator bei laufendem Motor von der Batterie getrennt werden kann.

Batterietrennrelais

Das Batterietrennrelais (Schließer) eignet sich zur Trennung der Starterbatterie von einer zweiten Batterie für Zusatzausrüs-tun-gen. Es schützt die Starterbatterie vor Entladung, wenn der Drehstromgenerator keine Energie abgibt. Das Relais ist mit einer Diode für den Verpolungsschutz und mit einer Löschdiode zum Unterdrücken der induktiven Spannungsspitzen beim Schalten versehen.

Batterieladerelais

Das Batterieladerelais eignet sich zum Laden einer zusätzlich eingebauten 12-V-Batterie in Fahrzeugen mit 24-V-Bordnetzspannung. Es enthält Widerstände, an denen bei einem Ladestrom von 10 A ein Spannungsfall entsteht, sodass die Ladespannung auf 12 V herabgesetzt wird. Voraussetzung ist, dass der 24-V-Generator die zusätzliche Belastung von 10 A aufbringen kann.

13 Schaltbild Batterietrennrelais

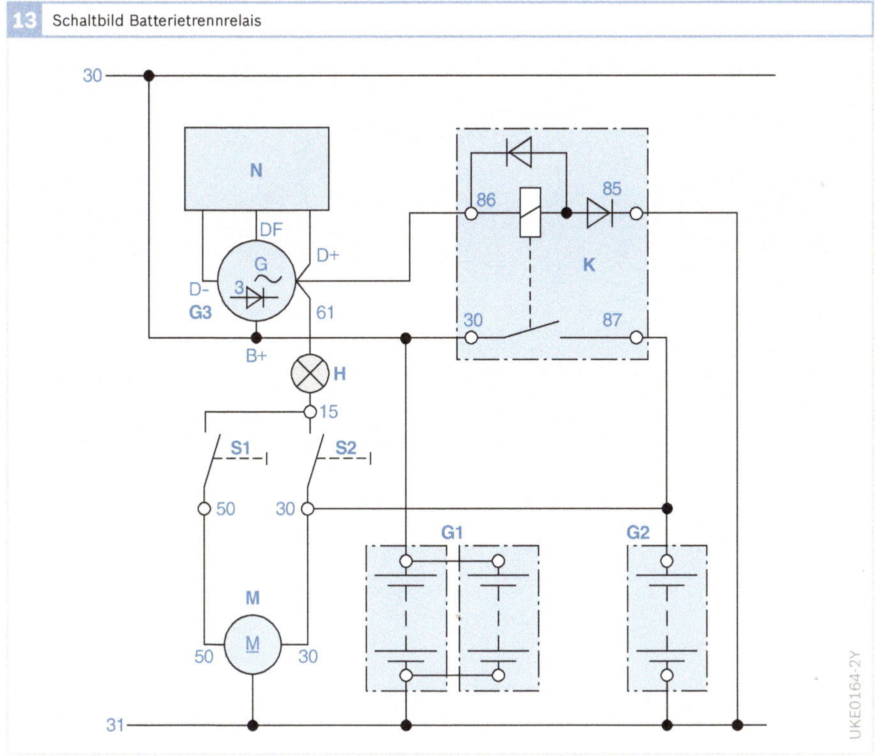

Bild 13
G1 Batterie für Zusatzausrüstung
G2 Starterbatterie
G3 Drehstromgenerator
H Ladekontrolllampe
K Batterietrennrelais
M Starter
N Generatorregler
S1 Zünd-Start-Schalter
S2 Fahrtschalter

Kabelbäume

Anforderungen

Der Kabelbaum stellt die Energie- und Signalverteilung innerhalb eines Kraftfahrzeugs sicher. Ein Kabelbaum im Mittelklasse-Pkw mit mittlerer Ausstattung hat heute ca. 750 verschiedene Leitungen mit einer Gesamtlänge von rund 1500 Metern. In den letzten Jahren hat sich aufgrund ständig steigender Funktionen im Kfz die Anzahl der Kontaktstellen in etwa verdoppelt. Unterschieden wird zwischen Motorraum- und Karosseriekabelbaum. Letztere unterliegen etwas geringeren Temperatur-, Schüttel-, Medien- und Dichtheitsanforderungen.

Kabelbäume haben einen erheblichen Einfluss auf Kosten und Qualität eines Automobils. Bei der Kabelbaumentwicklung müssen folgende Punkte betrachtet werden:

- Dichtheit,
- EMV-Kompatibilität,
- Temperaturen,
- Beschädigungsschutz der Leitungen,
- Leitungsauslegung,
- Belüftung des Kabelbaums.

Deshalb ist ein frühzeitiges Einbinden der Kabelbaumexperten bereits bei der Systemdefinition erforderlich. Bild 1 zeigt einen Kabelbaum, der als spezieller Ansaugmodulkabelbaum entwickelt wurde. Aufgrund der gemeinsam mit Motor- und Kabelbaumentwicklung optimierten Verlegung und Befestigung konnte ein erheblicher Qualitätsfortschritt sowie Kosten- und Gewichtsvorteile erzielt werden.

Dimensionierung und Werkstoffauswahl

Die wichtigsten Aufgaben für den Kabelbaumentwickler sind:

- Dimensionierung der Leitungsquerschnitte,
- Werkstoffauswahl,
- Auswahl geeigneter Steckverbinder,
- Verlegen der Leitungen unter Berücksichtigung von Umgebungstemperatur, Motorbewegungen, Beschleunigungen und EMV-Einfluss,
- Beachtung des Umfelds, in dem der Kabelbaum verlegt wird (Topologie, Montageschritte bei der Fahrzeugherstellung und Vorrichtungen am Montageband).

1 Kabelbaum (Beispiel)

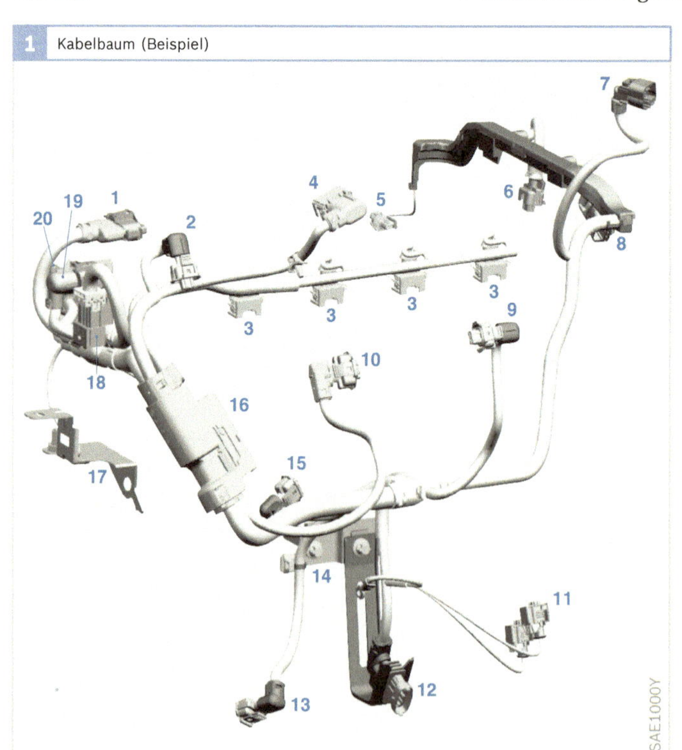

Bild 1
1 Zündspulenmodul
2 Kanalabschaltung
3 Einspritzventile
4 Drosselvorrichtung DV-E
5 Öldruckschalter
6 Motortemperatursensor
7 Ansauglufttemperatursensor
8 Nockenwellensensor
9 Tankentlüftungsventil
10 Saugrohrdrucksensor
11 Ladestromkontrollleuchte
12 Lambda-Sonde hinter Kat
13 Drehzahlsensor
14 Klemme 50, Starterschalter
15 Klopfsensor
16 Motorsteuergerät
17 Motormasse
18 Trennstecker für Motor- und Getriebekabelbaum
19 Lambda-Sonde vor Kat
20 Abgasrückführventil

Leitungsquerschnitte

Leitungsquerschnitte werden festgelegt aufgrund zulässiger Spannungsfälle. Die untere Querschnittsgrenze wird durch die Leitungsfestigkeit vorgegeben. Üblich ist es, keine Leitungen kleiner als 0,5 mm^2 einzusetzen. Mit Zusatzmaßnahmen (z. B. Abstützungen, Schutzrohre, Zugentlastungen) ist auch 0,35 mm^2 noch vertretbar.

Werkstoffe

Als Werkstoff für die Leiter wird in der Regel Kupfer eingesetzt. Die Isolationswerkstoffe der Leitungen werden festgelegt in Abhängigkeit von der Temperatur, der sie ausgesetzt sind. Es müssen Werkstoffe mit entsprechend hoher Dauergebrauchstemperatur ausgewählt werden. Hier muss die Umgebungstemperatur genauso berücksichtigt werden wie die Erwärmung durch den fließenden Strom. Als Werkstoffe werden Thermoplaste (z. B. PE, PA, PVC), Fluorpolymere (z. B. ETFE, FEP) und Elastomere (z. B. CSM, SIR) eingesetzt.

Falls die Leitungen innerhalb der Motortopologie nicht an besonders heißen Teilen (z. B. Abgasleitung) vorbeigeleitet werden, kann als Kriterium zur Auswahl des Isolationswerkstoffs und des Kabelquerschnitts die Deratingkurve des Kontakts mit zugehöriger Leitung herangezogen werden. Die Deratingkurve stellt die Beziehung zwischen Strom, der dadurch hervorgerufenen Temperaturerhöhung und der Umgebungstemperatur des Steckverbinders dar. Die in den Kontakten erzeugte Wärme kann üblicherweise nur über die Leitungen abgeführt werden.
Zu beachten ist auch, dass sich durch die Temperaturwechsel der Elastizitätsmodul des Kontaktmaterials ändert (Metallrelaxation). Beeinflusst werden können die geschilderten Zusammenhänge durch größere Leitungsquerschnitte und Einsatz von geeigneten Kontakttypen und edleren Oberflächen (z. B. Gold, Silber) und damit höheren Grenztemperaturen. Bei stark schwankenden Stromstärken ist eine Kontakttemperaturmessung oft sinnvoll.

Steckverbindungen und Kontakte

Die Auswahl der Steckverbindungen und Kontakte ist von verschiedenen Faktoren abhängig:

- Strömstärke,
- Umgebungstemperaturen,
- Schüttelbelastung,
- Medienbeständigkeit sowie
- Montagefreiraum.

Leitungsverlegung und EMV-Maßnahmen

Bei der Leitungsverlegung ist darauf zu achten, dass Beschädigungen und Leitungsbruch vermieden werden. Dies wird durch Befestigungen und Abstützungen erreicht. Schwingbelastungen auf Kontakte und Steckverbindungen werden reduziert durch Befestigungen des Kabelbaums möglichst nahe am Stecker und möglichst auf gleicher Schwinghöhe. Die Leitungsverlegung muss in enger Zusammenarbeit mit dem Motoren- oder Fahrzeugentwickler erfolgen.

Bei EMV-Problemen empfiehlt sich die getrennte Verlegung von empfindlichen Leitungen und Leitungen mit steilen Stromflanken. Geschirmte Leitungen sind in der Anfertigung aufwändig und damit teuer. Sie müssen außerdem geerdet werden. Eine kostengünstigere und wirksame Maßnahme ist das Verdrillen von Leitungen.

Leitungsschutz

Leitungen müssen gegen Scheuern und gegen Berührungen an scharfen Kanten und heißen Flächen geschützt werden. Hierzu kommen Tapebänder (Klebebänder) zum Einsatz. Der Wicklungsabstand und die Wicklungsdichte bestimmen den Schutz. Häufig werden Rillrohre (Materialeinsparung durch Rillen) mit den jeweiligen Verbindungsstücken zum Schutz der Leitungen verwendet. Es ist aber unerlässlich, dass eine Tapefixierung die Beweglichkeit von Einzelleitungen im Rillrohr verhindert. Den optimalen Schutz bieten Kabelkanäle.

Steckverbindungen

Aufgaben und Anforderungen

Der hohe Integrationsgrad von Elektronik im Kraftahrzeug stellt an die Automobil-Steckverbindungen hohe Anforderungen. Sie übertragen nicht nur hohe Ströme (z. B. Ansteuerung von Zündspulen), sondern auch analoge Signalströme mit geringer Spannung und Strömstärke (z. B. Signalspannung des Motortemperatursensors). Die Steckverbindungen müssen über die Lebensdauer des Fahrzeugs die Signalübertragung sowohl zwischen den Steuergeräten als auch zu den Sensoren unter Einhaltung der Toleranzen sicherstellen.

Steigende Anforderung der Abgasgesetzgebung und der aktiven Fahrzeugsicherheit erzwingen eine immer präzisere Übertragung der Signale über die Kontaktierstellen der Steckverbindungen. Für die Konzipierung, Auslegung und Erprobung der Steckverbindung müssen viele Parameter berücksichtigt werden (Bild 1).

Die häufigste Ausfallursache einer Steckverbindung ist der durch Vibrationen oder Temperaturwechsel verursachte Verschleiß an der Kontaktstelle. Der Verschleiß verursacht Oxidation. Dadurch steigt der ohmsche Widerstand, die Kontaktstelle wird z. B. bei hohen Strömen thermisch überlastet. Das Kontaktteil kann über den Schmelzpunkt der Kupferlegierung erhitzt werden. Bei hochohmigen Signalkontakten erkennt die Fahrzeugsteuerung häufig einen Plausibiltätsfehler im Vergleich zu anderen Signalen, die Steuerung geht dann in einen Fehlermodus. Durch die in der Abgasgesetzgebung geforderte On-Board-Diagnose (OBD) werden diese Schwachstellen in der Steckverbindung diagnostiziert. Die Fehlerdiagnose in den Service-Werkstätten ist jedoch schwierig, da dieser Defekt als Komponenteausfall angezeigt wird. Der fehlerhafte Kontakt kann nur indirekt erkannt werden.

Für die Konfektionierung der Steckverbindung sind verschiedene Funktionselemente am Steckergehäuse vorgesehen, die ein fehlerfreies und sicheres Fügen der Kabel mit den angeschlagenen Kontakten in die Steckverbindung sicherstellen. Moderne Steckverbindungen haben eine Fügekraft < 100 N, damit in der Fahrzeugmontage der Stecker mit der Komponente- bzw. Steuergeräteschnittstelle vom Montagemitarbeiter sicher gefügt werden kann. Bei zu hohen Steckkräften steigt der Anteil von nicht richtig auf die Schnittstelle aufgesteckten Steckverbindungen. Ein Lösen des Steckers während dem Fahrzeugbetrieb ist die Folge.

1 Parameter für die Konzeptionierung von Steckverbindern (Bild A)

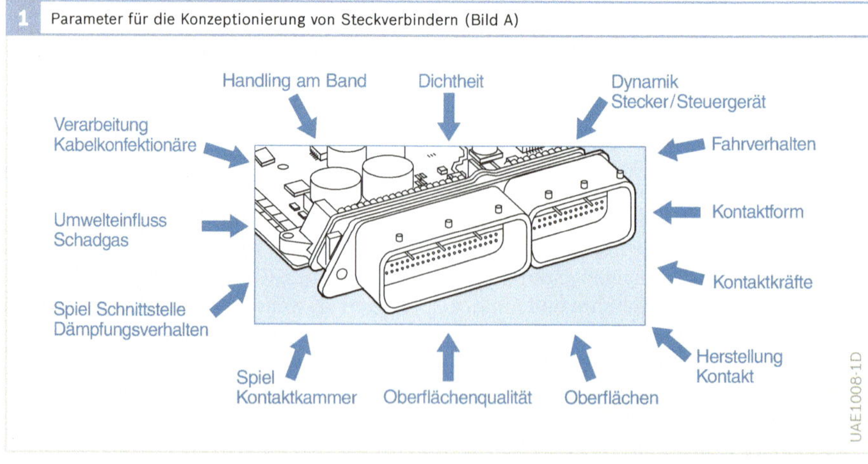

1 Einsatzgebiete von Steckverbindungen

	Polzahl	Besonderheiten	Anwendung
Niederpolig	1...10	Keine Fügekraftunterstützung	Sensoren und Aktoren (viele unterschiedliche Anforderungen)
Hochpolig	10...150	Fügekraftunterstützung durch Schieber, Hebel, Module	Steuergeräte (mehrere, ähnliche Anforderungen)
Sonderstecker	beliebig	z. B. integrierte Elektronik	Sonderanwendungen (einzelne, abgestimmte Anforderungen)

Tabelle 1

Aufbau und Bauarten

Steckverbindungen haben unterschiedliche Einsatzgebiete (Tabelle 1), die durch die Polzahl und die Umweltbedingungen gekennzeichnet sind. Es gibt drei verschiedene Klassen von Steckverbindungen, die als harter Motoranbau, weicher Motoranbau und Karosserieanbau bezeichnet werden. Ein weiterer Unterschied ist die Temperaturklasse des Einbauortes.

Hochpolige Steckverbindungen

Hochpolige Steckverbindungen werden bei allen Steuergeräten im Fahrzeug eingesetzt. Sie unterscheiden sich in der Polzahl und der Pin-Geometrie. Einen typischen Aufbau einer hochpoligen Steckverbindung zeigt Bild 2. Die gesamte Steckverbindung ist zur Stiftleiste des zugehörigen Steuergerätes durch eine umlaufende Radialdichtung im Steckergehäuse abgedichtet. Sie sorgt mit drei Dichtlippen für eine sichere Funktion am Dichtkragen des Steuergerätes.

Der Schutz der Kontaktstelle gegen eindringende Feuchtigkeit entlang des Kabels erfolgt durch eine Dichtplatte, durch die die Kontakte mit angecrimmter Leitung geführt werden. Hierfür wird eine Silikongelmatte oder Silikonmatte eingesetzt. Größere Kontakte und Leitungen können auch mit einer Einzeladerabdichtung gedichtet werden (vgl. niederpolige Steckverbindungen).

Bei der Montage des Steckers werden der Kontakt und die Leitung durch die im Stecker vormontierte Dichtplatte geschoben. Der Kontakt gleitet in seine Endposition im Kontaktträger. Der Kontakt verriegelt sich selbstständig durch eine Rastfeder, die in einen Hinterschnitt im Kunststoffgehäuse des Steckers verrastet. Sind alle Kontakte in der Endposition, wird

2 Hochpolige Steckverbindung (Bild B)

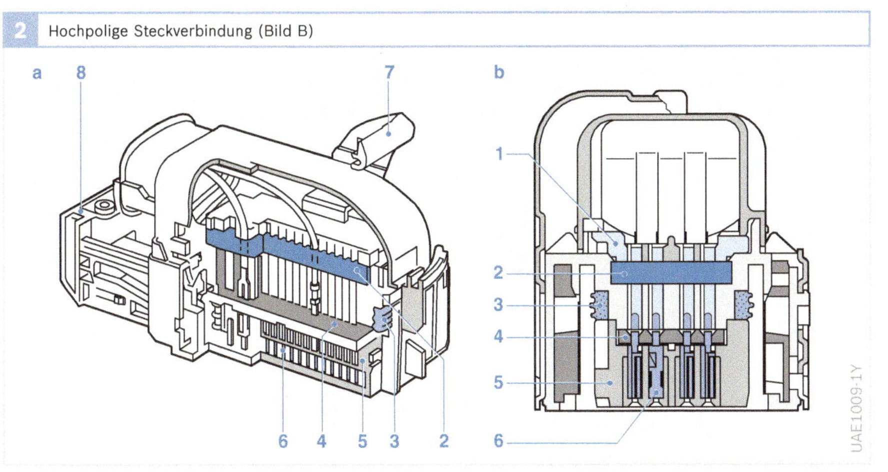

Bild 2
a Ansicht
b Schnitt

1 Druckplatte
2 Dichtplatte
3 Radialabdichtung
4 Schiebestift (Sekundärverriegelung)
5 Kontaktträger
6 Kontakt
7 Hebel
8 Schiebermechanismus

ein Schiebestift eingeschoben, der eine zweite Kontaktsicherung, auch Sekundärverriegelung genannt, sicherstellt. Dies ist eine zusätzliche Sicherung und erhöht die Haltekraft des Kontakts in der Steckverbindung. Weiterhin kann mit der Schiebebewegung die richtige Lage der Kontakte geprüft werden. Die Bedienkraft der Steckverbindung wird über einen Hebel und einen Schiebermechanismus reduziert.

Niederpolige Steckverbindungen

Niederpolige Steckverbindungen werden bei Aktoren (z. B. Einspritzventile) und Sensoren verwendet. Der prinzipielle Aufbau ist ähnlich einer hochpoligen Steckverbindung (Bild 3). Die Bedienkraft der Steckverbindung wird in den meisten Fällen nicht übersetzt.

Niederpolige Stecksysteme werden mit einer Radialdichtung zur Schnittstelle abgedichtet. Die Leitungen werden jedoch mit Einzeladerabdichtungen, die am Kontakt befestigt sind, im Kunststoffgehäuse abgedichtet.

Kontaktsysteme

Im Kraftfahrzeug werden zweiteilige Kontaktsysteme verwendet. Das Innenteil (Bild 4) - der stromführende Teil - wird aus einer hochwertigen Kupferlegierung gestanzt. Es wird durch eine Stahlüberfeder geschützt, gleichzeitig erhöht diese durch ein nach innen wirkendes Federelement die Kontaktkräfte des Kontakts. Durch eine ausgestellte Rastlanze aus der Stahlüberfeder wird der Kontakt in das Kunststoffgehäuseteil eingerastet. Kontakte werden je nach Anforderung mit Zinn, Silber oder Gold beschichtet. Zur Verbesserungen des Verschleißverhaltens der Kontaktstelle werden nicht nur verschiedene Kontaktbeschichtungen verwendet, sondern auch verschiedene Bauformen. Zur Entkoppelung der Kabelschwingungen zum Kontaktpunkt werden verschiedene Entkoppelungsmechanismen in das Kontaktteil integriert (z. B. mäanderförmige Gestaltung der Zuleitung).

Die Kabel werden über einen Crimpprozess an den Kontakt angeschlagen. Die Crimpgeometrie am Kontakt muss auf das jeweilige Kabel abgestimmt sein. Für den Crimpprozess werden Handzangen oder vollautomatische prozessüberwachte Crimppressen mit den kontaktspezifischen Werkzeugen angeboten.

3 Niederpolige Steckverbindung (Bild C)

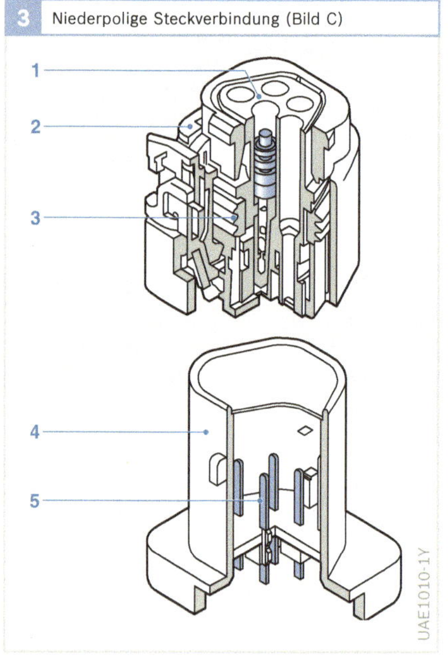

Bild 3
1 Kontaktträger
2 Gehäuse
3 Radialdichtung
4 Schnittstelle
5 Flachmesser

4 Kontakt (Bild D)

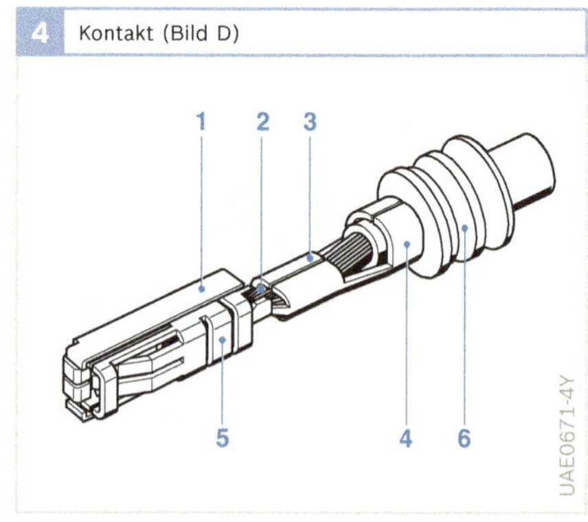

Bild 4
1 Stahlüberfeder
2 Einzelader (Litze)
3 Leitercrimp
4 Isolationscrimp
5 Mäander
6 Einzelader-abdichtung

Generator-Geschichte(n)

Die Einführung der elektrischen Beleuchtung anstelle der Kutschenbeleuchtung am Kraftfahrzeug der Jahrhundertwende hing von der Verfügbarkeit einer geeigneten Stromquelle ab. Die Batterie für sich allein kam auf die Dauer dafür nicht in Betracht, da sie – wenn entladen – erst nach dem Aufladen außerhalb des Wagens wieder betriebsfähig war. Etwa im Jahr 1902 entstand bei Robert Bosch das Muster einer „Lichtmaschine“ (jetzt Generator genannt). Sie bestand hauptsächlich aus Dauermagneten als Ständer, einem Anker mit Kommutator und einem Unterbrecher für die Zündung (Bild). Die eigentliche Schwierigkeit lag aber darin, dass die erzeugte Spannung von der stark wechselnden Motordrehzahl abhing.

Die weiteren Bemühungen konzentrierten sich deshalb auf die Entwicklung einer Gleichstrom-Lichtmaschine mit Spannungsregelung. Schließlich führte die von der Maschinenspannung abhängige elektromagnetische Steuerung des Feldwiderstands auf den richtigen Weg. Mit diesem um 1909 erreichten Stand der Erkenntnisse ließ sich eine vollständige „Licht- und Anlasseranlage für Kraftfahrzeuge“ realisieren. Sie kam 1913 auf den Markt und umfasste eine Lichtmaschine (spritzwasserdicht gekapselte 12-Volt-Gleichstrom-Dynamomaschine mit Nebenschlussregelung und 100 W Nennleistung), eine Batterie, einen Regler- und Schaltkasten, einen Freilaufanlasser mit Fußstufenschalter und verschiedene lichttechnische Komponenten.

UME0664Y

Starterbatterien

Die Starterbatterie ist ein elektrochemischer Speicher für die vom Generator während des Motorbetriebs erzeugte überschüssige elektrische Energie. Diese gespeicherte Energie wird im Fahrbetrieb in den Phasen benötigt, wenn der Energiebedarf der eingeschalteten Verbraucher größer als die vom Generator erzeugte Energie ist (z. B. im Leerlauf). Die Batterie liefert auch die Energie für die elektrischen Verbraucher bei Motorstillstand sowie für den Startvorgang. Sie ist nach ihrer Entladung immer wieder aufladbar. Es handelt sich also um einen Akkumulator, in diesem Fall um einem Blei-Akkumulator.

Aufgaben und Anforderungen

Die Starterbatterie ist im Bordnetz der Speicher für elektrische Energie. Ihre Aufgaben sind:

- Bereitstellung elektrischer Energie für den Starter.
- Deckung des Defizits zwischen Erzeugung und Verbrauch bei nicht ausreichender Energieversorgung des Bordnetzes durch den Generator (z. B. bei Leerlauf oder Motorstillstand).
- Dämpfung von Spannungsspitzen der Bordnetzspannung zum Schutz empfindlicher elektronischer und elektrischer Bauteile (z. B. Glühlampen, Halbleiter)

1 Aufbau einer Bleibatterie (Beispiel: wartungsfreie Batterie)

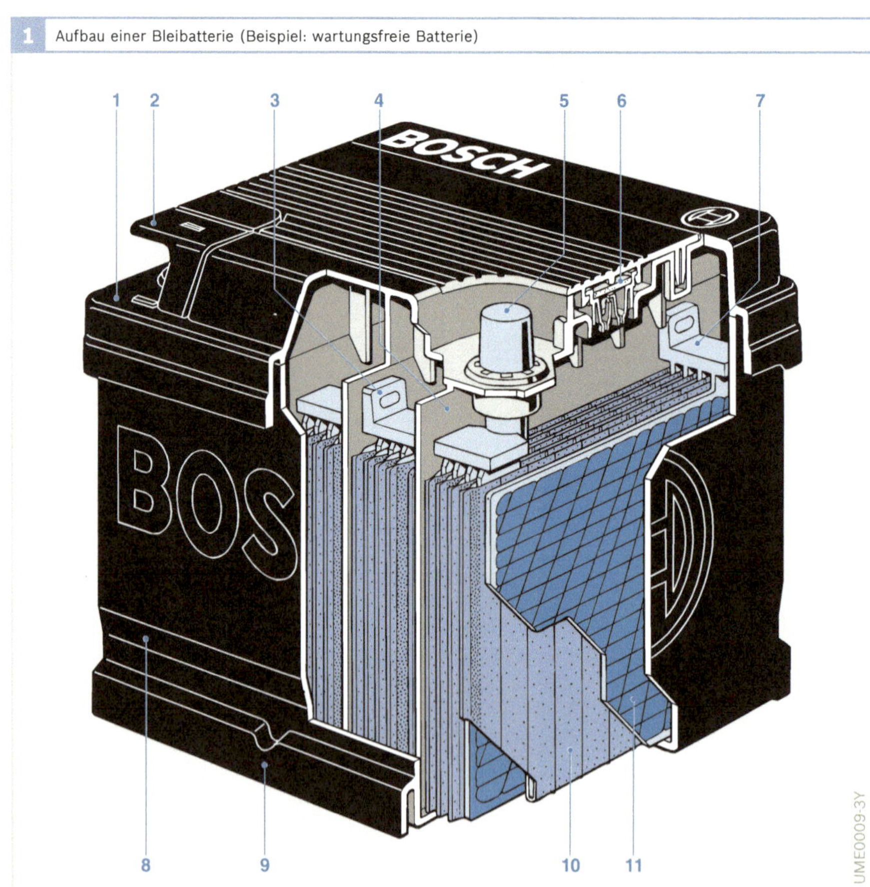

Bild 1
1 Blockdeckel
2 Polabdeckkappe
3 Direktzellenverbinder
4 Zellentrennwand
5 Endpol
6 Verschlussstopfen unter der Abdeckplatte
7 Plattenverbinder
8 Blockkasten
9 Bodenleiste
10 Plusplatten in Folienseparatoren eingetascht
11 Minusplatten

Der Starter ist zwar nur kurzzeitig eingeschaltet, er hat aber die größte Leistungsaufnahme aller elektrischen Verbraucher (Pkw mit Ottomotor: 0,7...2,0 kW; Pkw mit Dieselmotor: 1,4...2,6 kW; Busse, Nfz: 2,3...9,0 kW). Beim Startvorgang sinkt aufgrund des hohen Stroms die Batterieklemmenspannung. Sie darf aber ein gewisses Niveau nicht unterschreiten, damit die Funktion der verschiedenen Steuergeräte - z. B. Motormanagementsystem - gewährleistet bleibt. Diese können bei zu niedriger Versorgungsspannung nicht mehr arbeiten.

Im Fahrbetrieb müssen eine Vielzahl elektrischer Verbraucher mit Energie versorgt werden (z. B. Motormanagementsystem, Lichtanlage, Klimaanlage, Elektronisches Stabilitätsprogramm). Erzeugt der Generator - z. B. bei Leerlauf oder niedriger Motordrehzahl - nicht genug Strom, um alle eingeschalteten elektrischen Verbraucher versorgen zu können, sinkt die Bordnetzspannung auf Batteriespannungsniveau ab und der Batterie wird elektrische Energie entnommen. Die Batterie muss somit über begrenzte Zeit Komponenten des Bordnetzes teilweise oder - bei Motor- und damit Generatorstillstand - ganz mit elektrischer Energie versorgen können. Wird ausreichend Strom erzeugt, kann die Batterie über den Generatorregler wieder aufgeladen werden. Die beschriebenen Vorgänge bezeichnet man als Lade- und Entladezyklen.

Die Stromentnahmen aus einer Starterbatterie bewegen sich in sehr unterschiedlichen Größenordnungen. Der Strombedarf des Bordnetzes bei Motor- und Generatorstillstand beträgt ca 10...50 mA (z. B. für die Uhr, die Diebstahlwarnanlage oder die funkgesteuerte Zentralverriegelung). Im Motorleerlauf und bei langsamer Fahrt werden zeitweise 20...70 A aus der Batterie benötigt. Der Startvorgang des Motors erfordert ca. 300 A für eine Zeitdauer von 0,3...3 s, als Spitzenwerte können sogar Ströme bis 1000 A fließen. Bei tiefen Temperaturen sind Strombedarf und Dauer des Motorstarts deutlich höher (bis um den Faktor 2).

Der Energiebedarf, der aus den Verbraucherleistungen für ein bestimmtes Fahrzeug resultiert und nach den Betriebsbedingungen ermittelt wurde, ist maßgebend für die Dimensionierung der Batterie, aber auch des Generators.

Werden für ein Fahrzeug zusätzliche Ausrüstungen, z. B. Komfortsysteme mit Stellmotoren für Fenster- und Dachantriebe, Sitz und Lenkradverstellung, Sitzheizung, Klimaanlage oder Kühlgerät gewählt, können diese einen spürbaren zusätzlichen Energiebedarf zur Folge haben. Diese Verbraucherleistungen werden bei der Dimensionierung der elektrischen Komponenten im Fahrzeug vom Hersteller berücksichtigt. Das bedeutet, dass solch ein Fahrzeug mit einer stärkeren Batterie und möglicherweise mit einem größeren Generator geliefert wird. Ebenso werden je nach Einsatzart weitere mechanische, zyklische oder klimatische Beanspruchungen berücksichtigt. So werden z. B. häufig bei geländegängigen Nkw spezielle Batterien, die auf Rüttelfestigkeit ausgelegt sind und dafür u. a. unter Pressung eine Vliesauflage zwischen den Platten aufweisen, verwendet. Für besondere zyklische Beanspruchung sind z. B. AGM-Batterien sehr gut geeignet. Wärmere Klimate verlangen nach einer korrosionsfesten Bleilegierung.

Da Wohnwagen und Wohnmobile oft mit verschiedenen elektrischen Geräten wie Beleuchtung, Kühlschrank, Heizung, Rundfunk- und Fernsehgeräten ausgestattet sind, werden in diesen Fällen häufig zusätzliche Batterien mit einem getrennten Stromkreis eingebaut.

Den genannten Anforderungen genügt im Allgemeinen die Blei-Schwefelsäure-Batterie, die außerdem für diesen Zweck zurzeit das kostengünstigste Energiespeichersystem ist. Typische Spannungen sind 12 Volt bei Pkw (mit 14-Volt-Bordnetz) und 24 Volt bei Nkw (Reihenschaltung zweier 12-Volt-Batterien).

Aufbau

Klassifikation

Starterbatterien können in zwei Bauarten unterteilt werden:

- *Geschlossene Batterien:*
  Diese Bauart ist nach EN 50342 eine Batterie mit frei beweglichem Elektrolyten, in der durch Öffnungen im Deckel entstehende Gase entweichen können. Die geschlossenen Batterien stellen bisher den überwiegenden Anteil aller Starterbatterien.
- *Verschlossene Batterien:*
  Diese Bauart nach EN 50342 erlaubt einen Gasaustritt nur, wenn der Druck in der Batterie einen gewissen Wert überschreitet. Das Nachfüllen von Schwefelsäure ist nicht möglich. Der Elektrolyt ist festgelegt, d. h., er ist nicht mehr frei beweglich. Dies kann durch das Aufsaugen in einem Glasvlies (AGM-Batterie) oder durch Verwendung von einem gelierten Elektrolyten erfolgen.

Weiterhin gibt es noch die Unterscheidung

- Pkw-Batterien, deren Maße heute nach der Norm EN 60095-2 festgelegt werden, und
- Nkw-Batterien (hauptsächlich nach EN 60095-4).

Hinsichtlich der Wartung werden Starterbatterien unterteilt in

- Konventionelle sowie wartungsarme Batterien,
- wartungsfreie Batterien (nach EN) und
- absolut wartungsfreie Batterien.

Der prinzipielle Aufbau dieser Typen ist weitgehend identisch, sie unterscheiden sich im Wesentlichen durch die Legierung der Struktur- und Ableitermaterialien (Gitter) in den Elektroden-Platten.

Komponenten

Eine 12-Volt-Starterbatterie verfügt über sechs in Reihe geschaltete Zellen, die in einen durch Trennwände unterteilten Blockkasten aus Polypropylen eingebaut sind (Bild 1). Eine Zelle besteht aus einem Plattenblock (je ein Plus- und ein Minusplattensatz), aufgebaut aus Bleiplatten (Bleigitter und aktive Masse) sowie mikroporösem Isoliermaterial (Separatoren) zwischen den Platten verschiedener Polarität. Als Elektrolyt dient verdünnte Schwefelsäure, die den freien Zellenraum und die Poren von Platten und Separatoren ausfüllt. Endpole, Zellen- und Plattenverbinder bestehen aus Blei, die Zellenverbinder sind durch die Zellentrennwand dicht hindurchgeführt. Der Blockdeckel, im Heißsiegelverfahren auf den Blockkasten aufgebracht, verschließt die Batterie nach oben.

In konventionellen Batterien hat jede Zelle einen Verschlussstopfen, der der Erstfüllung, der Wartung und der Ableitung der beim Laden entstehenden Gase dient. Heutzutage werden ausschließlich wartungsfreie Batterien in neue Fahrzeuge eingebaut, weil diese keine regelmäßige Überprüfung des Elektrolyts durch den Fahrer mehr erfordern. Sie sind scheinbar völlig verschlossen. Trotzdem besitzen auch sie Entgasungsöffnungen, damit das Gas, das beim Ladevorgang durch den Generator in geringen Mengen entsteht, entweichen kann.

Blockkasten

Der Blockkasten (Bild 1, Pos. 8) – das Gehäuse der Batterie – besteht aus säurebeständigem Isoliermaterial (Polypropylen) und besitzt bei vielen Bauarten außenseitig Bodenleisten (9) zur Befestigung im Fahrzeug.

Der Blockkasten ist durch Trennwände in Zellen unterteilt. Diese Zellen sind das Grundelement einer Batterie. In ihnen befinden sich die Plattenblöcke (10, 11) mit den Plus- und Minusplatten sowie den zwischengefügten Separatoren. Die Reihenschaltung der Zellen erfolgt durch Direktzellenverbinder (3), die die Verbindung durch Öffnungen in den Zellenwänden herstellen.

Blockdeckel

Die Zellen mit den Plattenblöcken sind durch einen gemeinsamen Blockdeckel (Bild 1, Pos. 1) abgedeckt und verschlossen. Der Blockdeckel setzt sich zusammen aus Verschlussdeckel und Basisdeckel (Bild 2).

Plattenblöcke

Die Plattenblöcke bestehen aus parallel geschalteten Minus- und Plusplatten (Gitterplatten) sowie aus zwischengefügten Separatoren (Bild 1, Pos. 10 und Bild 3). Die Kapazität der Zellen hängt im Wesentlichen von der Anzahl und der Fläche dieser Platten ab. Ihre Dicke wird je nach Anwendung der Batterie gewählt und bewegt sich üblicherweise im Bereich zwischen 1 und 3 mm.

Die Platten - auch Gitterplatten genannt - bestehen aus Bleigittern und der aktiven Masse, mit der die Gitter eingestrichen (pastiert) werden. Die aktive Masse der Plusplatte enthält poröses Bleidioxid (PbO_2, Farbe braun-orange), die Minusplatte reines Blei (Pb, Farbe metallisch grau-grün) in Form von „Bleischwamm“. Das heißt, auch das reine Blei liegt in stark poröser Form vor. Alle Minus- und alle Plusplatten werden jeweils durch eine Polbrücke (oder auch Plattenverbinder) verbunden, die in der Batterie oberhalb des Plattensatzes angeordnet ist. Diese Polbrücke besteht aus massivem Blei. Die Verbindung zwischen Platten und Polbrücke wird durch Anschmelzen gewährleistet. Jeder Plattenblock enthält meist eine Minusplatte mehr als Plusplatten.

Aktive Masse

Die aktive Masse ist derjenige Bestandteil der Gitterplatten, der bei Durchgang des Stroms, d. h. bei der Ladung und Entladung, chemischen Umsetzungen unterworfen ist (vgl. DIN 40 729). Die Masse ist porös und bildet dadurch eine große wirksame innere Oberfläche. So haben z. B. die Minusplatten einer Batterie mit 100A · h eine innere Oberfläche von etwa 2000 m^2, die Plusplatten etwa 30 000 m^2. Bei der Herstellung der aktiven Masse in der Batteriefabrikation wird aus Bleioxid (PbO), das noch 5...15 % fein verteiltes metallisches Blei (Grauoxid) enthält, im Mischer durch Zugabe von Wasser (H_2O), verdünnter Schwefelsäure (H_2SO_4) und gegebenenfalls weiteren Zusatzstoffen und kurzen Kunststofffasern eine teigartige Masse hergestellt. Dabei entstehen basische Bleisulfate. Bleioxid und metallisches Blei bleiben teilweise erhalten. Die noch teigartige Masse wird in die Bleigitter eingestrichen und härtet dort aus.

Beim anschließenden Formieren, der elektrochemischen Umwandlung dieser Masse bei der erstmaligen Aufladung, wird

2 Blockdeckel der Bosch Silver Batterie

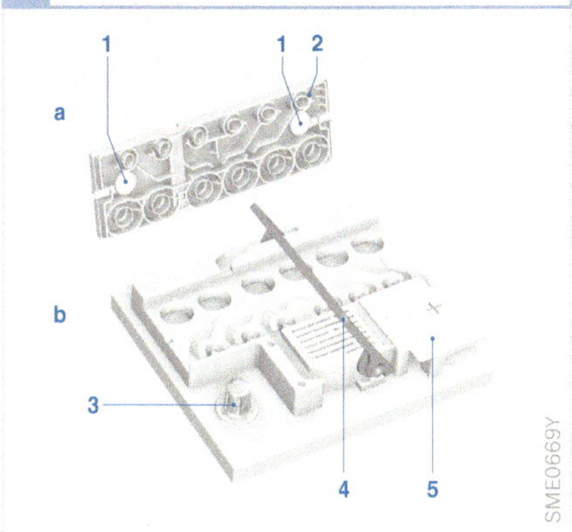

Bild 2
a Verschlussdeckel
b Basisdeckel

1 Integrierte Fritten
2 Labyrinth zur Gastrocknung und Rückführung der Säure
3 Endpol
4 Tragegriff
5 Polschutzkappe

3 Plattenblock

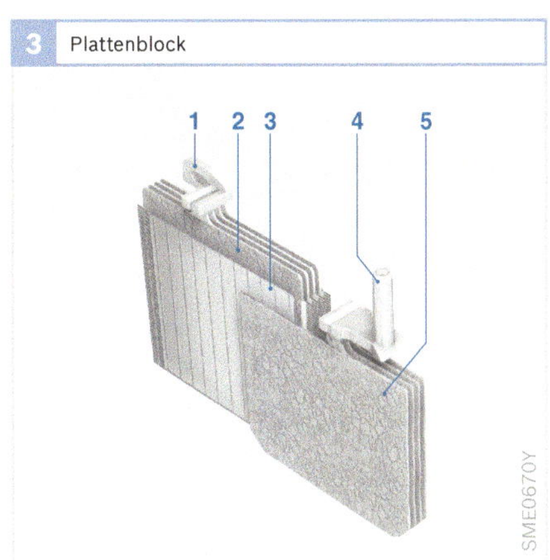

Bild 3
1 Zellenverbinder
2 positive Platte
3 Separator
4 Endpol
5 negative Platte

hieraus die aktive Masse der nun fertigen Platte gebildet; dies geschieht ausschließlich beim Batteriehersteller.

Separatoren

Da Kraftfahrzeugbatterien Raum und Gewicht sparend sein müssen, stehen Plus- und Minusplatten sehr nahe, üblicherweise im Abstand von 0,8...1,5 mm zusammen. Sie dürfen sich allerdings weder beim Verbiegen noch beim Abbröckeln von Teilchen aus der Oberfläche berühren, da sonst die Batterie wegen des dann folgenden Kurzschlusses unmittelbar zerstört würde. Deshalb besaßen bis vor kurzem Batterien am Boden Rippen zur Fixierung der Platten. Zusätzlich wurden Scheidewände (*Separatoren*) zwischen die einzelnen Platten eines Plattenblocks eingelegt.

Die taschenartigen Separatoren (Bild 4) moderner Batterien sorgen dafür, dass Platten verschiedener Polarität einen genügend großen Abstand zueinander haben und elektrisch voneinander getrennt (galvanisch isoliert) bleiben. Dadurch sind die Bodenrippen überflüssig. Als Separatorenmaterial wird poröse oxidations- und säurebeständige Polyethylenfolie eingesetzt, die in Taschenform die Plus- oder Minusplatten des Plattenblocks umhüllt. Die Separatoren dürfen der Ionenwanderung im Elektrolyt (Schwefelsäure) keinen nennenswerten Widerstand entgegensetzen. Außerdem müssen sie aus einem säurefesten, aber durchlässigen (mikroporösen) Stoff bestehen, damit die Batteriesäure hindurchdringen kann. Die mikroporöse Struktur ist auch deshalb notwendig, weil feine Bleifäden, die die Separatoren durchdringen könnten, Kurzschlüsse hervorrufen würden und deshalb zurückgehalten werden müssen.

Zellenverbinder

Die einzelnen Zellen der Batterie sind durch die Zellenverbinder (Bild 1, Pos. 3 und Bild 3, Pos. 1) in Reihe geschaltet. Zur Verringerung des inneren Widerstands und des Gewichts werden bei hochwertigen Batterien Direktzellenverbinder verwendet. Die Plattenverbinder der einzelnen Batteriezellen sind dabei auf dem kürzesten Weg durch die Zellentrennwand hindurch miteinander verbunden. Damit wird auch die Kurzschlussgefahr durch äußeren Kontakt verhindert.

Endpole und Batterieklemmen

Der Plattenverbinder der Plusplatten der ersten Zelle ist mit dem Pluspol der Batterie, der Plattenverbinder der Minusplatten der letzten Zelle mit deren Minuspol verbunden (Bild 1, Pos. 5). Die beiden Endpole sind die Verbindungsglieder zwischen dem Bordnetz und der Batterie

4 Platte mit Taschenseparator

1

UME0508-1Y

Bild 4

1 Taschenseparator aufgeschnitten

5 Endpole

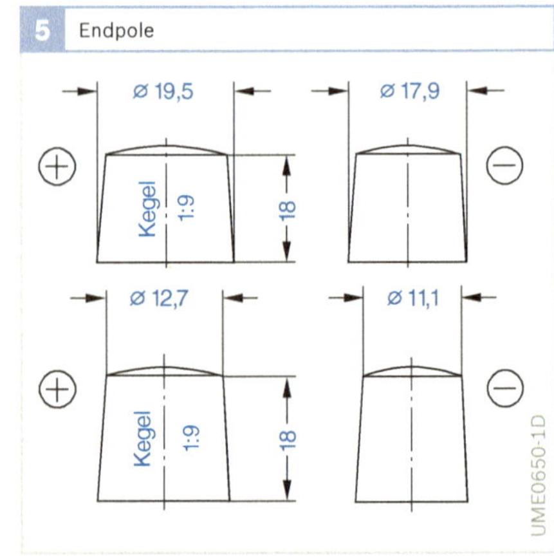

(Bilder 5 und 6) und bestehen aus einer Bleilegierung. Ihre konische Form gewährleistet einen festen Sitz und einen guten Kontakt mit den Batterieklemmen. Zwischen diesen beiden Endpolen herrscht die Klemmenspannung der Batterie, also ca. 12 Volt. An den Endpolen werden die Anschlussleitungen des Fahrzeugs mit besonderen Batterieklemmen angeschlossen. Um ein Verwechseln der beiden Pole (Verpolung) auszuschließen, sind diese besonders gekennzeichnet und zusätzlich unterschiedlich ausgeführt (Minuspol hat einen kleineren Durchmesser als Pluspol). Die zum Anschluss der Batterie ins Fahrzeug notwendigen Batterieklemmen gibt es in zwei Ausführungen (Bild 6):

- Schraubklemmen und
- Lötklemmen.

Bauformen

Alle Batterien sind in Normlisten beschrieben, die außer den elektrischen Werten auch Festlegungen für die geometrischen Abmessungen des Blockkastens und der Anschlusspole enthalten (für Pkw: EN 60095-2). Außerdem sind darin die Befestigungsvarianten sowie die Anordnung der Zellen und deren Zusammenschaltung aufgeführt, um die herstellerübergreifende Austauschbarkeit zu gewährleisten. Auch das Handelsprogramm für die Batteriebestellungen enthält als Angebotsmerkmale diese Bauformen, die in den folgenden Abschnitten näher beschrieben werden.

Schaltungen

Je nach Raumangebot und Anordnung der Aggregate im Kfz werden Batterien mit den unterschiedlichsten Abmessungen und Anordnungen der Anschlusspole benötigt.

Die Größen können durch die Anordnung der Zellen (Längs- oder Quereinbau) sowie deren Verschaltung untereinander in weiten Grenzen variabel gestaltet sein. Eine Übersicht über die gängigsten Schaltungen zeigt Bild 7.

Batterieabdeckung

Pkw-Batterien

Je nach Batterietyp gibt es zwei Ausführungen der Batterieabdeckung für Pkw-Batterien (Bilder 8 und 9):

- Blockdeckel und
- Monodeckel.

Bei Blockdeckeln mit Gaskanal wird das bei Ladevorgängen entstehende Gas aus der Batterie zentral über einen Schlauch abgeführt. Blockdeckel haben pro Zelle einen Verschlussstopfen, der zum Einfüllen von Batteriesäure und zu Wartungszwecken abgenommen werden kann. Bei wartungsfreien Batterien gibt es häufig keine Verschlussstopfen mehr.

6 Batterieklemmen

a

b

UME0617-1Y

Bild 6
a Schraubklemmen
b Lötklemmen

7 Schaltungen der Batteriezellen

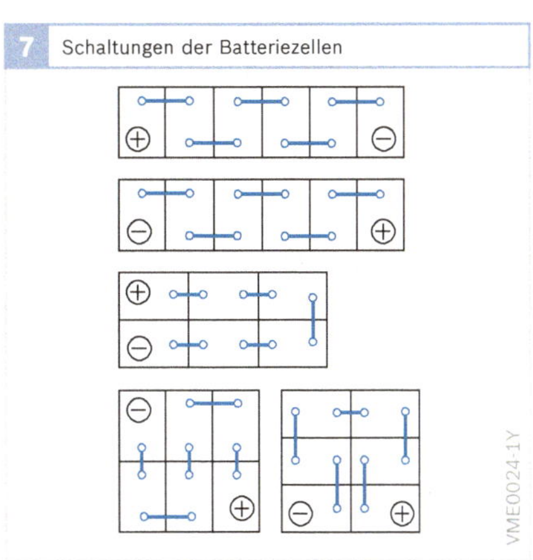

Der Blockdeckel einer wartungsfreien Bosch Silver Batterie weist folgende Merkmale auf:

- Geschlossene und glatte Deckeloberfläche (keine Stopfen).
- Tragegriffe zum einfachen Transport (Bild 11).
- Labyrinth zur Vermeidung von Wasserverlust durch Verdampfung.
- Fritten (gesinterte mikroporöse Körper aus Polyethylen) im Gaskanal zum Schutz vor Rückzündungen. Das heißt, falls in Batterienähe ein Funken oder eine Flamme entsteht, kann das Übergreifen in den Batterieinnenraum vermieden werden.
- Labyrinth und Fritten zur Erhöhung der Auslaufsicherheit.

Beim Monodeckel gibt es keinen Gaskanal und kein Labyrinth. Hier tritt das Gas durch Stopfen mit Entgasungsöffnungen aus.

Nkw-Batterien

Bei den Nkw-Batterien gibt es ebenfalls zwei wesentliche Ausführungen:

- Monodeckel und
- Labyrinthdeckel.

Bei den Monodeckeln werden die beim Laden entstehenden Gase über Öffnungen im Stopfen abgeleitet. Fritten sind nicht vorhanden.

Der Labyrinthdeckel hat im Wesentlichen die Vorteile eines Pkw-Blockdeckels, nur ist hier das Labyrinth aufgrund der erforderlichen Außenabmaße einer Nkw-Batterie tief angeordnet. Die Vorteile sind im Wesentlichen die gleichen:

- Fritten zum Schutz vor Rückzündung,
- Labyrinth zur Erhöhung der Auslaufsicherheit und
- zentrale Entgasung.

Befestigung

Die Batterie muss so im Fahrzeug befestigt sein, dass jede Eigenbewegung ausgeschlossen ist. Deshalb wird die Batterie durch eine der folgenden Vorrichtungen auf eine Unterlage gespannt:

- Spannrahmen,
- Bügel, jeweils mit Spannschraube oder
- Bodenbefestigung, z. B. mit einer Spannpratze mit Spannschraube (Bild 10).

8 Blockdeckel

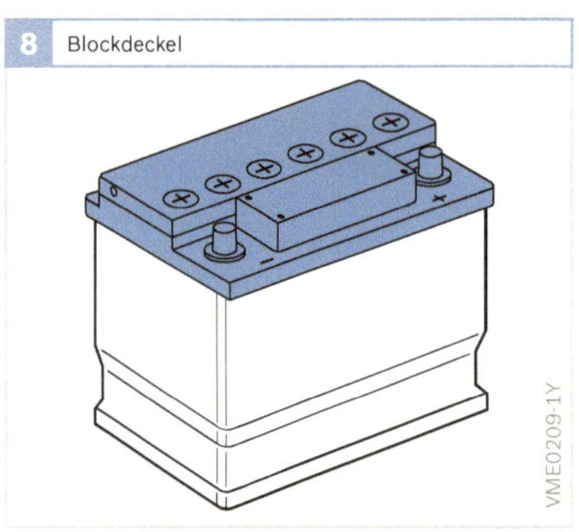

9 Monodeckel

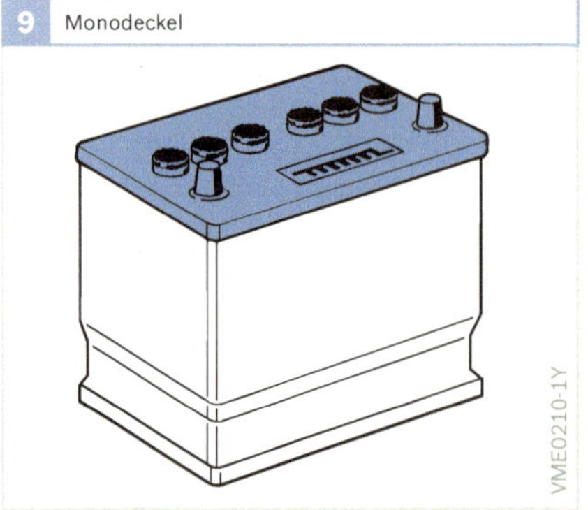

10 Batteriebefestigungen (Beispiele)

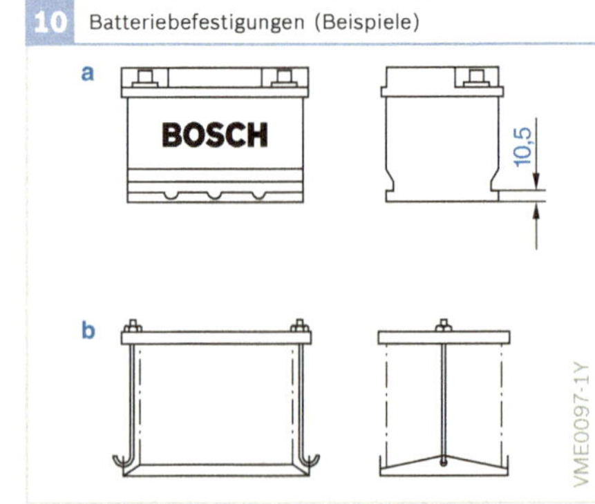

Bild 10
a Bodenbefestigung
b Spannrahmenbefestigung

Die hierzu notwendigen Ausbildungen am Batterieboden sind in verschiedenen Ausführungen gebräuchlich und deshalb ebenfalls Bestandteil der Normung.
Die Befestigung ist wichtig für die Sicherheit. Nicht richtig befestigte Batterien können bereits bei leichten Auffahrunfällen und sogar schon bei extremen Fahrsituationen in Bewegung geraten und durch einen dann möglichen Kurzschluss einen Brand verursachen.
Die vorhandene Befestigung erfüllt alle Sicherheitsanforderungen und sollte daher nicht verändert werden.

Arbeitsweise

Elektrochemische Vorgänge in der Bleizelle

Entstehung der Zellenspannung

Taucht eine Metallelektrode (z. B. aus Blei) in ein Elektrolyt (z. B. Schwefelsäure) ein, so lösen sich Metall-Ionen im Elektrolyt. Diese Metall-Ionen sind positiv geladen und haben Elektronen in der Elektrode zurückgelassen. Dadurch hat diese Elektrode ein elektrisches Potenzial. Dieses wirkt einer weiteren Lösung von Ionen entgegen, so dass sich ein Gleichgewicht ausbildet zwischen dem Lösen und dem

1 Vergleich der verschiedenen Batterieausführungen

		EN-Wasserverbrauch (g/Ah)	Batterie-Kasten	Deckel/ Stopfen	Separator	Gitterlegierung Plus	Minus	Sonstiges
konventionelle Starterbatterie		> 4,0	Bodenrippen	Monodeckel und Entgasungsstopfen	Blattseparator	Blei/ Antimon	Blei/ Antimon	sehr zyklenfest; Nkw-Anwendung:
wartungsarm		meist < 4,0	glatter Boden		Taschenseparator	Antimon < 3,5 %	Blei/ Antimon	Separator z. T. mit Glasmattenauflage
wartungsfrei nach EN		< 4,0, meist < 2,0	glatter Boden	Blockdeckel mit Zentralentgasung; Stopfen	Taschenseparator	Blei/ Antimon	Blei/ Kalzium	Hybridbatterie; OEM-Einsatz vernachlässigbar
absolut wartungsfrei	flüssiger Elektrolyt	< 1,0	glatter Boden	Blockdeckel [1]) mit Zentralentgasung [7]); Fritte [2])	Taschenseparator	Blei/ Kalzium/ Silber [4])	Blei/ Kalzium	Stand der Technik [5]) OEM und IAM
	AGM [3])	< 1,0	verstärkte Konstruktion glatter Boden	Blockdeckel mit Zentalentgasung; Ventil und Fritte	mikroporöser Glasvlies oder Gel [6]) und Blattseparator	Blei/ Kalzium/ Silber	Blei/ Kalzium	sehr zyklenfest; Oberklassenfahrzeuge und 2-Batt.-Bordnetze

[1]) häufig mit Labyrinth zum optimalen Säurerückhalt, [2]) Fritte garantiert Rückzündschutz, [3]) Absorbent Glass Mat,
[4]) bei Bosch-Batterien, [5]) zunehmend auch für Nkw, [6]) nicht als Starterbatterie im Pkw, [7]) OEM mit Stopfen, Handel ohne Stopfen

11 Bosch Silver Batterie mit ihren Bestandteilen

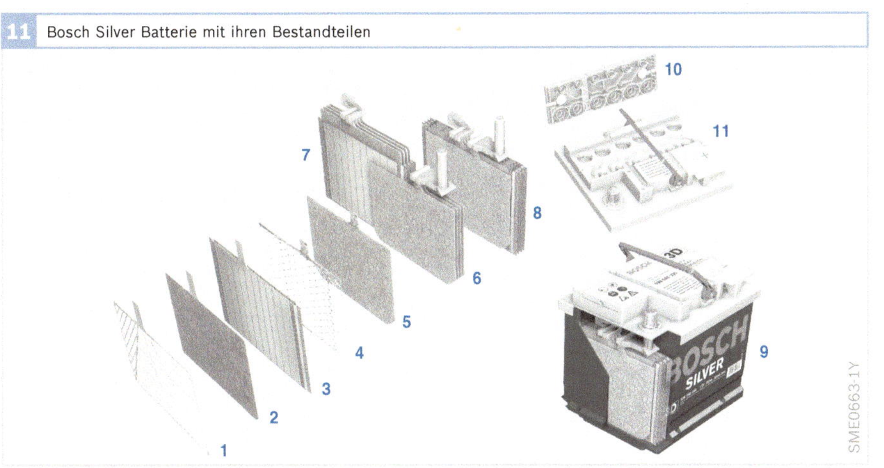

Bild 11
1 Positives Gitter
2 Positive Platte
3 Positive Platte im Plattenscheider (Separator)
4 Negatives Gitter
5 Negative Platte
6 Negativer Plattensatz
7 Positiver Plattensatz
8 Plattenblock
9 Blockkasten mit Bodenleisten
10 Verschlussdeckel
11 Basisdeckel

Abscheiden der Metall-Ionen unter Aufnahme von Elektronen.

Ähnlich verhält sich auch eine Elektrode aus PbO_2, nur dass hier eine Umwandlung von unterschiedlich geladenen Blei-Ionen stattfindet (Pb^{2+} und Pb^{4+}). Unterschiedliche Elektroden haben unterschiedliche Potentiale, so dass sich eine Zellspannung als Differenz dieser Potentiale ergibt. Bei einer geladenen Bleizelle (Bild 12) besteht die positive Elektrode im Wesentlichen aus Bleidioxid (PbO_2), die negative Elektrode aus reinem Blei (Pb). Als Elektrolyt dient verdünnte Schwefelsäure (H_2SO_4 plus H_2O). Durch den Schwefelsäureanteil wird das Wasser leitend und damit als Elektrolyt verwendbar.

Der Stromtransport erfolgt durch Ionenleitung. In der wässrigen Lösung spalten sich die Schwefelsäuremoleküle in positiv geladene Wasserstoff-Ionen (H+) und negativ geladene Säurerest-Ionen (SO_4^{2-}). Die Spaltung ist Voraussetzung für die Leitfähigkeit des Elektrolyts und damit auch für das Fließen eines Lade- oder Entladestroms.

Die beim Laden und Entladen der Zelle auftretenden Teilchenübergänge werden in den folgenden beiden Abschnitten erläutert.

Laden einer Batterie

Die Batterie wird im Fahrbetrieb aufgeladen, wenn der Generator genügend Ladestrom liefert. Eine entladene Batterie kann auch mit einem Batterieladegerät wieder aufgeladen werden.

Beim Ladevorgang ist die positive Elektrode der Bleizelle mit dem Pluspol, die negative Elektrode mit dem Minuspol der Gleichspannungsquelle (Generator bzw. Ladegerät) verbunden. Der Ladevorgang wird – im Gegensatz zum nachher beschriebenen Entladevorgang – durch die Zufuhr elektrischer Energie erzwungen, sodass alle Zellen nach der Ladung ein höheres Energieniveau erreichen. In den Bildern 12 bis 15 sind die Vorgänge, die sich zwischen den einzelnen Teilchen der Elektrodenmasse und des Elektrolyts abspielen, schematisch dargestellt.

Die Ladespannungsquelle sorgt in der Zelle für einen Ladungstransport von der Pluselektrode zur Minuselektrode. Sie zwingt die Elektronen der Minuselektrode auf, dadurch entsteht an dieser Elektrode aus dem zweiwertig positiven Blei (Pb^{2+}) – unter Auflösung der Bleisulfat-Moleküle – „nullwertiges" (metallisches) Blei (Pb). Gleichzeitig gehen die frei gewordenen negativ geladenen Säurerest-Ionen (SO_4^{2-}) von der Minuselektrode in den Elektrolyt über (Bild 12).

An der Pluselektrode wandelt sich durch den Wegtransport von Elektronen

12 Ladevorgang

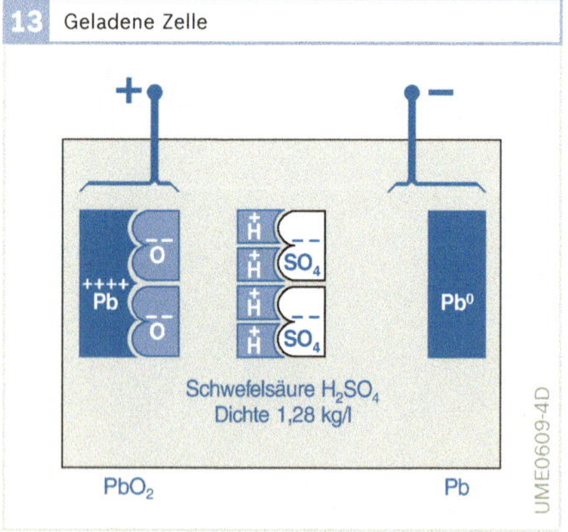

13 Geladene Zelle

zweiwertig positives Blei (Pb^{2+}) in vierwertig positives Blei (Pb^{4+}) um. Dabei wird das Bleisulfat ($PbSO_4$) durch die angelegte Ladespannung elektrochemisch gespalten. Das vierwertig positive Blei verbindet sich mit dem aus dem Wasser (H_2O) entnommenen Sauerstoff zu Bleidioxid (PbO_2). Gleichzeitig treten die bei diesem Oxidationsvorgang an der Pluselektrode frei gewordenen Sulfat-Ionen (SO_4^{2-}, aus dem Bleisulfat $PbSO_4$) und Wasserstoff-Ionen (H^+, aus dem Wasser) in den Elektrolyt über. Die Reaktionsgleichung des Ladevorgangs lautet:

$$2PbSO_4 + 2H_2O \rightarrow PbO_2 + 2H_2SO_4 + Pb$$

Durch den Ladevorgang erhöht sich die Zahl der Wasserstoff-Ionen (H^+) und der Sulfat-Ionen (SO_4^{2-}) im Elektrolyt. Das heißt, es wird Schwefelsäure (H_2SO_4) neu gebildet, wobei die Dichte ρ des Elektrolyts zunimmt (bei geladener Zelle normalerweise $\rho = 1{,}28$ kg/l). Dies entspricht einem Schwefelsäuregehalt von ca. 37 %. Deshalb kann über eine Messung der Säuredichte der Ladezustand der Batterie ermittelt werden.

Die Ladung ist beendet (Bild 13), nachdem
- sich das Bleisulfat ($PbSO_4$) an der Pluselektrode in Bleidioxid (PbO_2) und
- das Bleisulfat ($PbSO_4$) an der Minuselektrode in metallisches Blei (Pb) umgewandelt hat,
- die Ladespannung sowie die Säuredichte ρ auch bei fortwährendem Laden nicht mehr weiter ansteigen.

Gasung

Durch den Ladeprozess wird die zugeführte elektrische Energie in chemische Energie umgewandelt und gespeichert. Wird nach vollständiger Ladung weiter geladen, findet nur noch eine elektrolytische Wasserzersetzung statt. An der Plusplatte bildet sich Sauerstoff (O_2), an der Minusplatte Wasserstoff (H_2). Dieser Vorgang wird als Gasung bezeichnet. Gegebenenfalls muss daraufhin Wasser nachgefüllt werden.

Eine Überladung kann dadurch reduziert werden, dass z. B. eine Begrenzung der Ladezeit eingeführt wird. Im Fahrzeug kann eine Überladung durch eine ladezustandsgeführte Ladung verhindert werden, die allerdings eine Batteriezustandserkennung voraussetzt.

Einfluss der Motordrehzahl

Die Ladung der Batterie hängt stark vom Fahrzeugbetrieb ab (z. B. Stau, Stop-and-go oder freie Fahrt). Der Generator wird vom Motor angetrieben, die Stromerzeugung des Generators nimmt mit steigender Motordrehzahl zu. Deshalb haben z. B. lange Wartezeiten bei Verkehrsstaus und vor Signalanlagen bei einer dem Motorleerlauf entsprechend niedrigen Generatordrehzahl auch einen niedrigen Ladestrom zur Folge. Fehlende längere Überlandfahrten wirken sich zusätzlich negativ auf die Ladebilanz aus. Ist dagegen eine längere freie Fahrt auf der Landstraße oder Autobahn möglich, liegt die Motordrehzahl im mittleren bis oberen Bereich und der Ladestrom ist entsprechend hoch.

Entladen (Stromentnahme)

Die Stromrichtung und die elektrochemischen Vorgänge kehren sich beim Entladen der Batterie gegenüber dem Ladevorgang um. Werden die beiden Pole

14 Entladevorgang

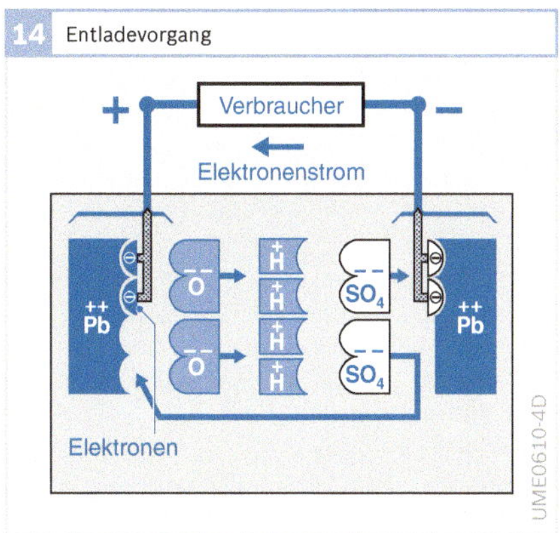

einer Batterie über einen Verbraucher (z. B. Glühlampe) miteinander verbunden, so fließen infolge der zwischen den Polen vorhandenen Potenzialdifferenz (der 6-fachen Zellenspannung) Elektronen von der Minuselektrode über den Verbraucher zur Pluselektrode.

Durch diesen Übergang von Elektronen wandelt sich das vierwertig positive Blei (Pb^{4+}) der Pluselektrode in zweiwertig positives Blei (Pb^{2+}) um, und die Bindung des zuvor vierwertig positiven Bleis an die Sauerstoffatome (O) wird aufgehoben (Bild 14). Die dadurch frei gewordenen Sauerstoffatome verbinden sich mit Wasserstoff-Ionen (H^+), die aus der Schwefelsäure (H_2SO_4) entnommen worden sind, zu Wasser (H_2O). Die Dichte des Elektrolyts nimmt hierdurch ab. Bei einer leeren Batterie beträgt sie - je nach Bauart - meist deutlich unter $\rho = 1{,}12$ kg/*l*. Dies entspricht einem Schwefelsäuregehalt von ca. 17 %.

An der Minuselektrode bildet sich durch den Übergang von Elektronen aus dem metallischen Blei (Pb) zur Pluselektrode ebenfalls zweiwertig positives Blei (Pb^{2+}). Die zweifach negativ geladenen Säurerest-Ionen (SO_4^{2-}) aus der Schwefelsäure verbinden sich mit dem zweiwertig positiven Blei der beiden Elektroden, sodass als Entladeprodukt an beiden Elektroden Bleisulfat ($PbSO_4$) entsteht (Bild 15).

15 Entladene Zelle

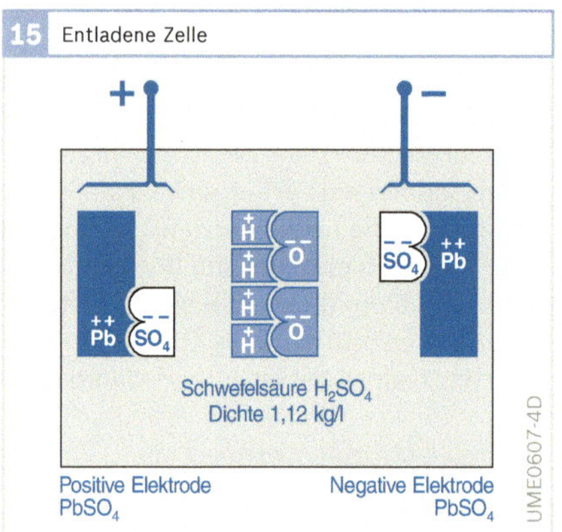

Die Reaktionsgleichung des Entladevorgangs lautet:

$$PbO_2 + 2H_2SO_4 + Pb \rightarrow 2PbSO_4 + 2H_2O$$

Beide Elektroden haben jetzt wieder den Ausgangszustand erreicht: Die in der Zelle gespeicherte chemische Energie wurde durch den Entladevorgang wieder in elektrische Energie umgewandelt.

Einen Überblick über die Vorgänge beim Entladen einer Batterie gibt Tabelle 2.

2 Übersicht über die Entladevorgänge

	Pluselektrode	Elektrolyt	Minuselektrode
Bleizelle geladen	Aktive Masse: Bleidioxid (PbO_2, braun)	Schwefelsäure hoher Dichte (H_2SO_4)	Aktive Masse: Blei (Pb, metallisch grau)
Strom-entnahme Elektronenstrom von der Minuselektrode (über Verbraucher) zur Pluselektrode	Elektronenaufnahme reduziert das vierwertige Bleidioxid ($Pb^{4+}O_2$) zu zweifach positiven Blei-Ionen (Pb^{++}), die sich mit dem Säurerest der Schwefelsäure (Sulfat-Ionen SO_4^{--}) zu dem hellen Bleisulfat ($PbSO_4$) verbinden.	Der Sauerstoff (O_2) des Bleidioxids (PbO_2) der Pluselektrode bildet Wasser mit den frei gewordenen positiv geladenen Wasserstoff-Ionen (H^+, H_3O^+) der Schwerfelsäure; sie wird verdünnt.	Elektronenabgabe oxidiert das neutrale metallische Blei (Pb) zu zweifach positiven Blei-Ionen (Pb^{++}), die sich mit dem Säurerest der Schwefelsäure (Sulfat-Ionen SO_4^{--}) zu dem hellen Bleisulfat ($PbSO_4$) verbinden.
Bleizelle entladen	Bleisulfat ($PbSO_4$) aus den Ionen $Pb^{++} + SO_4^{--}$	Schwefelsäure niedriger Dichte	Bleisulfat ($PbSO_4$) aus den Ionen $Pb^{++} + SO_4^{--}$

Tabelle 2

Batterieausführungen

Konventionelle und wartungsarme Batterien

Konventionelle Batterien werden heutzutage fast nicht mehr in Neufahrzeuge eingebaut, da sie nicht wartungsfrei sind und regelmäßig auf ihren Flüssigkeitsstand überprüft werden müssen. Da die Gasungsspannung (Spannung, bei der der Gasungsprozess einsetzt) niedriger ist als bei allen anderen gängigen Batterieausführungen, setzt der Gasungsprozess früher ein und es entweicht mehr Ladegas (siehe Abschnitt „Elektrochemische Vorgänge in der Bleizelle"). Deshalb muss regelmäßig Wasser durch die Verschlussstopfen nachgefüllt werden.

Wartungsarme Batterien bieten eine leichte Verbesserung. Durch den geringeren Wasserverbrauch (< 4 g/A · h) liegen die Wartungsintervalle höher, wobei diese vom Betrieb und dem Einbauort der Batterie abhängen.

Merkmale

Konventionelle Batterien

Konventionelle Batterien besitzen an der inneren Bodenfläche des Blockkastens Stege, auf denen die Platten mit den Plattenfüßen stehen. Der Raum zwischen den Stegen (Schlammraum) dient zur Aufnahme kleiner Masseteilchen, die sich im Laufe der Betriebszeit aus den Platten lösen und zu Boden sinken. In diesem Schlammraum kann sich der elektrisch leitende Bleischlamm absetzen, ohne dass er mit den Platten in Berührung kommt. Auf diese Weise werden Kurzschlüsse vermieden. Die Bauweise mit Stegen und Schlammraum ist bei konventionellen Batterien erforderlich, da Blattseparatoren zwischen den Platten sitzen, die diese unten nicht umschließen.

Wartungsarme Batterien

Bei wartungsarmen Batterien hingegen werden Taschenseparatoren verwendet. Durch die Taschenform umschließen sie die Plus- oder Minusplatte vollständig. Sich lösende Masseteilchen sinken innerhalb der Tasche zu Boden und können somit keinen Kurzschluss auslösen. Es werden daher keine Stege mehr am Batterieboden benötigt, der Kastenboden ist glatt. Dadurch kann die verfügbare Plattenoberfläche erhöht werden (höhere Stromentnahme möglich) und die Platten stehen auf ihrer kompletten Unterseite auf (höhere Stabilität).

Legierungswerkstoff des Plattengitters

Blei-Antimon-Legierung (PbSb)

Um die Gießbarkeit der dünnen Bleigitter zu verbessern (besonders wichtig bei Hochleistungs-Starterbatterien), die Aushärtung zu beschleunigen und den Bleiplatten die nötige Stabilität für den Fahrbetrieb (*Zyklenfestigkeit*) zu geben, besteht das Gitterblei aus einer Blei-Antimon-Legierung (PbSb). Antimon übernimmt die Funktion des Härters, wodurch sich auch die Bezeichnung „Hartblei" für Gitterblei ableitet. Allerdings wird das Antimon im Laufe der Batterielebensdauer durch Korrosion der Plusgitter zunehmend ausgeschieden, wandert quer durch den Elektrolyt und den Separator zur Minusplatte und „vergiftet" diese durch Bildung von Lokalelementen. Diese Lokalelemente erhöhen in erster Linie die Selbstentladung der Minusplatte und setzen die Gasungsspannung herab. Beides verursacht erhöhten Wasserverbrauch bei Überladung, die wiederum die Antimonfreisetzung fördert. Dieser Selbstverstärkungsmechanismus führt zu einer über die Gebrauchsdauer stetigen Verminderung der Leistungsfähigkeit. Vor allem im Winter führt der dann geringere Ladestrom zur Mangelladung. Die Batterie erreicht keine ausreichend hohen Ladezustände mehr und muss oft auf ihren Säurestand hin kontrolliert werden.

Die durch den Antimongehalt von 4...5 % im Gitterblei hervorgerufene Selbstentladung der Minusplatten ist somit eine der Hauptausfallursachen von konventionellen Starterbatterien. Der Wasserverbrauch (> 4 g/A · h) durch erhöhte Gasung bei gealterten Batterien machte je nach Fahrbedingungen ein Wartungsintervall von vier bis sechs Wochen erforderlich. Bei wartungsarmen Batterien ist der Antimonanteil in der Plusplatte geringer (< 3,5%). Hierdurch wird der Anstieg der Selbstentladung der Batterie mit zunehmender Lebensdauer verlangsamt.

Da Batterien mit Blei-Antimonlegierung sehr zyklenfest sind, werden sie vor allem in Nkw und Taxen eingesetzt. Auch Batterien für Motorräder basieren auf Antimontechnologie, da die häufige Verwendung bei schönem Wetter und lange Standzeiten im Winter eine besonders zyklenfeste Batterie bedingen.

Die Vorteile der Zyklenfestigkeit werden aber durch Nachteile bei der Korrosion der Gitter in der Lebensdauer häufig kompensiert. Ursache dafür ist, dass Gitter mit Blei-Antimon einem stärkeren korrosivem Angriff ausgesetzt sind als die weiter unten beschriebene Blei-Kalzium-Legierung oder die noch bessere Blei-Kalzium-Silber-Legierung.

Da für die meisten Pkw jedoch wartungsfreie und nicht extrem zyklenfeste Batterien gefordert werden, kommen in Neufahrzeugen so gut wie keine Antimonbatterien mehr zum Einsatz.

Wartungsfreie Batterie (nach EN)

Legierungswerkstoff des Plattengitters

Bei wartungsfreien Batterien (Hybridbatterien) besteht das Negativgitter aus einer Blei-Kalzium-Legierung (PbCa) - bei manchen Ausführungen mit Silberzusatz - und das Positivgitter aus einer Antimonlegierung (PbSb).

Die Funktion des Härters für die Minusplatten übernimmt das Element Kalzium an Stelle von Antimon. Kalzium ist unter den herrschenden Potenzialverhältnissen in Bleibatterien elektrochemisch inaktiv. Dadurch findet keine Vergiftung der Minusplatte statt und die Selbstentladung wird verhindert. Bedeutsamer ist jedoch die über die Gebrauchsdauer stabile Gasungsspannung auf hohem Niveau und der damit einhergehende gegenüber einer Blei-Antimon-Legierung reduzierte Wasserverbrauch.

Ein weiterer Vorteil einer Hybridbatterie ist die einfache Fertigung. Die Negativgitter mit Kalziumlegierung werden meist im einfachen Streckverfahren hergestellt, die durch Korrosion mechanisch stärker belasteten Positivgitter mit Antimonlegierung im aufwändigeren Gießverfahren. Wegen des Antimonanteils können allerdings auch Hybridbatterien im Pkw-Bereich die heutigen hohen Anforderungen nach niedrigem Wasserverbrauch (< 1 g/A · h) fast nie erfüllen. Hierzu sind nur absolut wartungsfreie Batterien in der Lage, bei denen beide Gitter aus der Blei-Kalziumlegierung bestehen.

Bei hoher zyklischer Belastung, z. B. bei Taxen in Ballungsräumen, Stadtlinienbussen und Lieferfahrzeugen, haben sich wartungsfreie Starterbatterien wegen ihres Separatorenkonzepts (Taschenseparatoren), das einen zuverlässigen Schutz gegen Ausfall bietet, bewährt.

Merkmale

Der Wasserverlust einer wartungsfreien Batterie ist über ihre Gesamtlebensdauer weitaus geringer als bei der konventionellen Batterie (< 4 g/A · h, meist < 2 g/A · h). Lediglich zu den normalen Serviceintervallen in der Werkstatt muss der Flüssigkeitsstand kontrolliert werden. Als Separatorenmaterial wird oxidations- und säurebeständige poröse Polyethylenfolie eingesetzt, die in Taschenform die Plus- oder Minusplatten des Plattenblocks umhüllt.

Weitere Merkmale sind:

- Labyrinthblockdeckel mit zentraler Gasableitung. Dies minimiert den Wasserverbrauch durch Verdunstung und verhindert Säureaustritt bei kurzzeitigem Umkippen der Batterie.

- Fritten schützen vor Rückzündung bei Funkenbildung: Das heißt, sie verhindern, dass sich austretendes Ladegas durch äußeren Einfluss entzündet (stehende Flamme) bzw. sich entzündet und in die Batterie zurückschlägt.
- Die Endpole sind durch Kappen gegen unbeabsichtigten Kurzschluss geschützt.
- Die Abdeckplatte über der Stopfenmulde verdeckt die Verschlussstopfen und verhindert die Ansammlung von Schmutz und Feuchtigkeit.
- Der Blockkastenboden ist aufgrund der Verwendung von Taschenseparatoren innen glatt. Die Platten reichen bis zum Kastenboden (größere Plattenoberfläche) und stehen dort auf ganzer Länge auf (höhere Stabilität).
- Mikroporöse Taschenseparatoren verhindern sowohl das Ausfallen von Masse als auch die Bildung von Kurzschlussbrücken an Unter- und Seitenkanten der Platten. Der mittlere Porendurchmesser der Taschenseparatoren ist um den Faktor 10 kleiner als bei den konventionellen Blattseparatoren; er verhindert damit wirkungsvoll Kurzschlüsse bei gleichzeitig niedrigem Durchgangswiderstand.

Eine wartungsfreie Starterbatterie von Bosch erfüllt neben den festgelegten Mindestleistungswerten der Norm noch folgende Anforderungen:

- Leistungsdaten und Ladeverhalten werden nicht durch Wasserverbrauch beeinträchtigt.
- Leistungsdaten und Ladeverhalten sind während der gesamten Gebrauchsdauer nahezu unverändert.
- Nach Tiefentladung und anschließender Standzeit unter Bordnetzbedingungen ist die Batterie wieder aufladbar.
- Bei Saisonbetrieb ohne Zwischenladung (bei abgeklemmtem Massekabel) ist kein Lebensdauerrückgang gegenüber Ganzjahresbetrieb zu erwarten.
- Eine langen Lagerfähigkeit der gefüllten Batterie muss gewährleistet sein.

Absolut wartungsfreie Batterie

Absolut wartungsfreie Batterien besitzen eine verlängerte Lebensdauer für extremen Langstreckenverkehr und sind widerstandsfähiger gegen Dauerüberladung. Dies wird durch eine Weiterentwicklung der Plattenlegierung erreicht.

Plattengitter

Blei-Kalzium-Silberlegierung (PbCaAg)

Die Leistungssteigerung bei neu entwickelten Pkw-Motoren in Verbindung mit kompakten und strömungsgünstigen Kfz-Karosserien führte zu einem Anstieg der mittleren Motorraumtemperatur. Dieser Umstand betrifft auch die Starterbatterie, deren nächste Entwicklungsstufe deshalb über eine verbesserte Bleilegierung für die Gitter der positiven Platten verfügt. Diese enthalten neben einem reduzierten Kalziumgehalt und einem erhöhten Zinnanteil auch das Element Silber (Ag). Diese Blei-Kalzium-Silberlegierung (PbCaAg) besitzt eine verfeinerte Gitterstruktur und hat sich selbst unter dem Einfluss hoher Temperaturen, die die korrosive Zerstörung beschleunigen, als sehr langlebig erwiesen. Dies gilt sowohl bei schädlicher Überladung bei hoher Säuredichte als auch während der (möglichst zu vermeidenden) Standzeit mit niedriger Säuredichte.

Der Legierungswerkstoff für die Minusplatten ist eine Blei-Kalzium-Legierung. Diese Batterien sind also antimonfrei.

Merkmale

Die optimierte Geometrie der Gitterstruktur mit optimierter elektrischer Leitfähigkeit erlaubt eine bessere Ausnutzung der aktiven Masse. Der für die Zellenverbinder mittig gelegte Anschluss (Mittelfahne) gewährleistet einen gleichmäßigen Halt der Gitterplatten im Batteriegehäuse. Diese Technik hat das Potenzial, die Platten gegenüber denen von wartungsfreien Batterien um etwa 30% dünner (aber stabiler) zu gestalten und damit ihre Anzahl zu erhöhen. Dies ermöglicht eine Steigerung der Kaltstartleistung ohne Qualitätseinbuße.

Ausführungen im „Robust-Design“ haben kürzere und dickere Plusplatten mit stabilem Rahmen und dadurch bedingt ein erhöhtes Säurevolumen oberhalb der Platten. Diese sind dadurch stets von Batteriesäure bedeckt und vor Korrosion geschützt. Mit diesen Eigenschaften erweisen sich diese Batterien insgesamt robuster in der praktischen Anwendung.

Die absolut wartungsfreie Batterie erfordert keine Säurestandskontrolle und bietet dazu in der Regel auch keine Möglichkeit mehr. Sie ist bis auf zwei Entgasungsöffnungen dicht verschlossen. Unter den üblichen Bordnetzbedingungen (konstante, nach oben begrenzte Spannung) ist die Wasserzersetzung so weit reduziert ($< 1\ g/A \cdot h$), dass der Elektrolytvorrat über den Platten für die gesamte Lebensdauer ausreicht. Eine absolut wartungsfreie Batterie hat zusätzlich den Vorteil sehr geringer Selbstentladung. Dies ermöglicht nach Auslieferung der voll geladenen Batterie eine Lagerung über viele Monate.

Wegen der niedrigen Selbstentladung können alle absolut wartungsfreien Batterien bereits im Herstellerwerk mit Schwefelsäure gefüllt werden. Dadurch wird gefährliches Verschütten beim Mischen und Einfüllen in Werkstätten oder bei Händlern vermieden.

Sofern eine absolut wartungsfreie Batterie außerhalb des Bordnetzes nachgeladen wird, darf die Ladespannung 2,3...2,4 Volt pro Zelle nicht übersteigen, denn ein Überladen mit konstantem Strom oder mit Ladegeräten mit W-Kennlinie (Widerstand konstant) führt zu Wasserzersetzung (Gasung).

Die zurzeit am Markt befindlichen Ausführungen der absolut wartungsfreien Batterie besitzen einen Sicherheits-Labyrinthdeckel mit seitlichen Entgasungsöffnungen, der einen Säureaustritt bei Neigungswinkeln von bis zu 70° verhindert und durch die vorhandenen Fritten Rückzündschutz bietet. Verschlussstopfen sind nicht mehr erforderlich.

Die Bosch-Batterie mit Silberlegierung in den positiven Platten weist eine 20 % längere Lebensdauer gegenüber herkömmlichen Batterien auf. Wegen der dünnen Plattenausführungen ist die Plattenzahl pro Zelle höher. Die daraus resultierende größere Oberfläche erhöht die Startleistung gegenüber herkömmlichen Batterien um 30 %. Zudem verfügt diese Batterieausführung über ein „Power Control System“, das sich oben im Blockdeckel der Batterie befindet und den aktuellen Ladezustand mit unterschiedlichen Farben anzeigt.

- Grün: Der Ladezustand ist in Ordnung.
- Dunkelgrau: Die Batterie sollte nachgeladen werden. Nach dem Laden zeigt die Anzeige wieder „Grün“ an.
- Weiß: Die Batterie ist defekt, sie muss ausgetauscht werden.

Für Anwendungen im Nkw gibt es von Bosch Batterien mit Silberlegierung mit den Vorteilen der absolut wartungsfreien Pkw-Starterbatterie („Bosch TECMAXX“). Verbunden wird die absolute Wartungsfreiheit, die gerade für die Anwendung im Nkw einen nicht zu unterschätzenden Kostenvorteil bietet, mit einer neuen Technologie des Batteriedeckels: Durch einen neuartigen Labyrinthdeckel wird die Auslaufsicherheit gewährleistet. Durch die Verwendung einer Zentralentgasung anstatt einer Entgasung über die Stopfen kann eine Fritte eingebaut werden, sodass die Rückzündung von außen vorliegenden Flammen oder Funken in das Innere der Batterie verhindert wird.

In der Kraftfahrzeugerstausrüstung werden heutzutage nahezu ausschließlich absolut wartungsfreie Batterien eingesetzt. Sie erlauben eine Verlängerung des Wartungsintervalls und haben sich millionenfach bewährt.

AGM-Technik

Für weiter erhöhte Anforderungen an die Fahrzeugbatterie haben sich AGM-Batterien bewährt (Absorbent Glass Mat, d. h., Batterien mit in einem Glasvlies gebundenem Elektrolyt). Diese Batterien unterschieden sich von Batterien mit freiem Elektrolyten dadurch, dass die Schwefelsäure in einem Glasvlies gebunden ist, das sich anstelle der Separatoren zwischen den Plus- und Minusplatten befindet.

Die Batterie wird durch Ventile luftdicht von der Umgebung getrennt. Durch einen internen Kreislauf in der Batterie wird der bei der Gasung an der positiven Elektrode entstehende Sauerstoff an der negativen Elektrode wieder verbraucht, die Entstehung von Wasserstoff unterdrückt und damit der Wasserverlust sehr klein gehalten. Dieser Kreislauf wird erst dadurch möglich gemacht, dass sich zwischen positiver und negativer Platte kleine Gaskanäle bilden, über die der Sauerstoff transportiert wird. Die Ventile öffnen nur bei einem größeren Überdruck. Die verschlossene AGM-Batterie hat daher einen extrem geringen Wasserverlust und ist somit absolut wartungsfrei.

Diese Technologie bietet daneben weitere Vorteile. Das Vlies ist elastisch, deshalb kann der Plattensatz unter Druck eingebaut werden. Durch das Anpressen des Vlieses auf die Platten wird der Effekt der Abschlammung und Lockerung der aktiven Masse stark reduziert. Damit wird ein üblicherweise um bis zu dreimal größerer Ladungsdurchsatz gegenüber vergleichbaren Starterbatterien erzielt. Weiterhin bietet dieser Batterietyp den Vorteil, dass selbst bei Zerstörung des Batteriegehäuses, z. B. durch einen Unfall, i. Allg. keine Schwefelsäure austritt, da diese im Glasvlies gebunden ist. Bei einer 180°-Drehung tritt auch nach längerer Zeit kein Elektrolyt aus. Aufgrund der hohen Porosität des Glasvlieses werden hohe Kaltstartströme erzielt.

Ein weiterer Vorteil der AGM-Batterie besteht darin, dass Entstehung einer Säureschichtung verhindert wird. Beim zyklischen Lade- und Entladebetrieb einer Batterie mit freiem Elektrolyt baut sich nach und nach ein Gradient in der Säuredichte von oben nach unten auf. Grund hierfür ist, dass sich beim Laden der Batterie an den Platten Schwefelsäure hoher Konzentration bildet, die aufgrund der höheren spezifischen Dichte nach unten fällt und sich dort sammelt, während im oberen Teil der Batteriezelle die Schwefelsäure geringerer Konzentration verbleibt. Diese Säureschichtung reduziert unter anderem die Batteriekapazität sowie die Lebensdauer. Der Effekt der Säureschichtung tritt bei allen Batterien mit freiem Elektrolyt mehr oder weniger stark ausgeprägt auf. Bei AGM-Batterien hingegen wird Säureschichtung durch das Festlegen des Elektrolyts im Glasvlies verhindert.

Beim Einbauort der AGM-Batterie muss darauf geachtet werden, dass keine allzu hohen Temperaturen auftreten, da die Wärmekapazität kleiner als bei Batterien mit freiem Elektrolyt ist.

Gel-Technik

Eine andere Bauform der verschlossenen und somit absolut wartungsfreien Batterie verwendet statt des Glas-Vlieses ein Mehrkomponenten-Gel, in dem der Elektrolyt gebunden ist. Auch hier verhindert der interne Gaskreislauf die Gasung und somit den Wasserverbrauch. Damit ist diese Batterie ebenfalls absolut wartungsfrei.

Die Verschlussstopfen der Batteriezellen haben ein Sicherheitsventil, das im Fall einer dauerhaften Überladung öffnet. Mit dieser Gel-Technik beträgt die Selbstentladung bei 20 °C nur 2 % pro Monat.

Die kurzen, dicken Platten und der gelförmige Elektrolyt garantieren auch eine hohe Zyklenfestigkeit. Außerdem ist sie fest verschlossen und absolut kippsicher. Das heißt, selbst bei Drehungen von 180° läuft sie nicht aus.

Absolut wartungsfreie Batterien für Motorräder
Immer häufiger werden auslaufsichere Batterien mit Vlies-Technologie eingesetzt. Die Gel-Technik wird hier nicht angewendet. Die Batterie wird mit Hilfe beigefügter Säureflaschen zum gewünschten Zeitpunkt befüllt. Nach dem ersten Befüllen wird die Säure in vliesähnlichen Separatoren gebunden. Durch den Gaskreislauf in der Batterie wird eine Gasung verhindert. Bei einer fehlerhaften Überladung mit hohen Ladespannungen über einen langen Zeitraum könnte es trotz Vliestechnik zur Gasung kommen. In diesem Fall entweicht das Gas durch ein Sicherheitsventil. Nach dem ersten Befüllen wird die Batterie fest verschlossen, damit sie auch beim Neigen und sogar kurzzeitgen 180°-Drehungen absolut auslaufsicher ist.

Batterien für Sonderanwendungen
Es ist nicht möglich, mit nur einer Standardbatterie alle möglichen und völlig unterschiedlichen Einsatzbedingungen abzudecken. Die Standardbatterien wären dadurch für den Einsatz unter normalen Bedingungen überdimensioniert und zu teuer.

Für sehr tiefe Temperaturen in kalten Ländern sind Batterien mit höherer Startkraft erforderlich. Die Starttemperaturen liegen oft unterhalb -20 °C. Diese Batterien werden mit einer erhöhten Anzahl von dünneren Platten und Separatoren ausgerüstet.

Die Situation in tropischen Klimagebieten ist hingegen völlig anders, da hier durch den erhöhten Wasserverbrauch (Elektrolyse und Verdunstung) die Gefahr des „Eindickens“ der Säure besteht. Während für gemäßigte und kalte Zonen die Dichte der Batteriesäure mit einer Gefrierschwelle von -68 °C in voll geladenem Zustand gleich gehalten werden kann, muss die Säuredichte für tropische Länder also geringer sein.

Im gewerblichen Bereich (z. B. bei Bus, Taxi, Arztwagen und Lieferwagen) kommt es durch den häufigen Kurzstreckenverkehr mit entsprechend hoher Stromentnahme zu einer starken zyklischen Belastung der Batterie. Hinzu kommen weitere zyklische Belastungen bei hoher Stromentnahme im Stand. Sie entstehen z. B. durch Klimaanlage, Beleuchtung, Gebläse, elektrohydraulisch angetriebene Ladebordwand, Kühlaggregat, Standheizung usw.

Batterien in Geländefahrzeugen, Nutzfahrzeugen, Baumaschinen, Schleppern sowie in Fahrzeugen der Land- und Forstwirtschaft müssen zusätzlich zu der zyklischen Beanspruchung den Anforderungen einer hohen Schüttel- und Stoßbeanspruchung auf Pisten, Baustellen oder im Gelände genügen.

Zyklenfeste Batterie
Starterbatterien eignen sich aufgrund ihrer Bauweise nur bedingt für Einsatzfälle mit häufig wiederholten tiefen Entladungen (zyklische Belastung), da hierbei ein starker Verschleiß der Plusplatten durch Abschlammung und Lockerung der aktiven Masse eintritt. Im gewerblichen Bereich (z. B. Nkw) kommt es durch häufigen Kurzstreckenverkehr mit entsprechend hoher Stromentnahme zu einer starken Belastung der Batterie. Dabei kann die Batterie durch andauernde Stromentnahme weitgehend entladen und anschließend durch den Generator oft nicht genügend nachgeladen werden. Hinzu kommen zusätzliche Belastungen bei hoher Stromentnahme im Stand durch Gebläse, Klimaanlage, Standheizung, Beleuchtung, Autoradio, Funkgerät usw. Hier ist die AGM-Batterie häufig die erste Wahl. Kann eine AGM-Batterie nicht verwendet werden,
so stellt die zyklenfeste Starterbatterie mit freiem Elektrolyt eine Alternative dar. Sie kann häufiger tief entladen werden als eine normale Batterie, ohne dass die Lebensdauer darunter leidet.

In der zyklenfesten Starterbatterie stützen Separatoren mit einer zusätzlichen Glasmatte die Plusmasse ab und verhindern dadurch ein vorzeitiges Abschlammen. Die in Lade-/Entladezyklen gemessene Lebensdauer ist etwa doppelt so hoch wie bei der Standardbatterie.

Rüttelfeste Batterie

In der rüttelfesten Batterie hindert eine Fixierung mit Gießharz und/oder Kunststoff die Lockerung der Plattenblöcke in dem Blockkasten. Diese Batterie muss nach Normvorschrift eine 20-stündige Sinus-Rüttelprüfung (Frequenz 22 Hz) und eine Maximalbeschleunigung von 6 *g* bestehen. Damit liegen die Anforderungen etwa um den Faktor 10 höher als bei der Standardbatterie. Der Einsatz erfolgt hauptsächlich auf Baustellen und im Gelände in der Bau-, Land- und Forstwirtschaft bei Nutzfahrzeugen, Baumaschinen und Schleppern.

Heavy Duty Batterie

Nkw verfügen über eine hohe Anzahl elektrischer Zusatzverbraucher, z. B. Hebebühne, Funkgerät, Fernseher oder Kaffeemaschine. Die trocken geladene (d. h., die Batterie ist nach Befüllen mit Schwefelsäure einsatzbereit) Heavy Duty-Batterie (HD-Batterie) ist wartungsfrei nach EN und weist eine Kombination von Maßnahmen für zyklenfeste und rüttelfeste Batterien auf. Sie gewährleistet auch bei hoher Dauerbeanspruchung durch viele elektrische Verbraucher eine sichere Stromversorgung. Der Einsatz erfolgt in hoch beanspruchten Nutzfahrzeugen, bei denen hohe Rüttelbeanspruchungen und zyklische Belastungen auftreten.

Die HD-Extra-Batterie bietet noch zusätzliche Eigenschaften für außergewöhnliche Belastungen:

- extrem kaltstartsicher (bis zu 20 % mehr Startreserve),
- extrem langlebig,
- extra rüttelfest (100 % über EN),
- extra zyklenfest (viermal höher als Standardbatterien).

Batterie für Langzeit-Stromentnahme

Diese Batterie gleicht im Aufbau der zyklenfesten Batterie, verfügt jedoch über dickere, dafür aber über weniger Platten. Für diese Batterie wird kein Kälteprüfstrom angegeben, da sie für Startvorgänge nicht geeignet ist. Ihre Startleistung liegt deutlich niedriger (um ungefähr 35...40 %) gegenüber gleich großen Starterbatterien.

Die Anwendung erfolgt in Fällen mit sehr starker zyklischer Belastung, zum Teil sogar für Traktionszwecke (Antriebsbatterie). Ein Beispiel hierfür sind Gabelstapler, die keine Startleistung benötigen, dafür aber häufig nachgeladen werden müssen. Diese Batterie liefert außerdem die Antriebsenergie für Kleinantriebe (z. B. Krankenfahrstühle, Kehrmaschinen) und die Energie für Signalanlagen, Baustellenbeleuchtungen, Boote, Zusatzaggregate sowie für Anwendungen in der Freizeit.

Der Antimonanteil macht die Antriebs- und Beleuchtungsbatterien von Bosch mit flüssigem Elektrolyt besonders zyklenfest. Die negativen Einflüsse des Antimons bleiben auf ein vertretbares Maß reduziert.

Kenngrößen der Batterie

Die europäische Norm EN 50 342 und nationale Normen legen Kenngrößen und Prüfmethoden für Starterbatterien fest. Diese Prüfungen eignen sich zur Bestimmung und Überwachung der Qualität neuer Starterbatterien, erheben jedoch keinen Anspruch auf völlige Übereinstimmung mit den vielfältigen Beanspruchungen in der Praxis.

Eine Eigenschaft der chemischen Stromspeicher ist, dass die entnehmbare Strommenge (Kapazität) von der Größe des Entladestroms I_E abhängt. Das heißt, je höher der entnommene Strom ist, desto kleiner wird die verfügbare Kapazität bei definierter Endspannung. Um Starterbatterien überhaupt vergleichen zu können, bezieht man die Kapazität auf diejenige Entladestromstärke, die bei 20-stündiger Entladezeit und definierter Endspannung (10,5 V) möglich ist (Nennkapazität K_{20}).

Zellenspannung

Die Zellenspannung U_Z ist die Differenz der Potenziale, die zwischen den positiven und negativen Platten im Elektrolyt auftreten. Diese Potenziale hängen vom Material der Platten, vom Elektrolyt und dessen Konzentration ab. Die Zellenspannung ist keine konstante Größe, sondern vom Ladezustand (Säuredichte) und der Elektrolyttemperatur abhängig.

Nennspannung

Für Bleibatterien wurde die Nennspannung U_N einer Zelle durch Normen (DIN 40 729) auf einen Wert von 2 V festgelegt. Die Nennspannung der gesamten Batterie ergibt sich aus der Multiplikation der Nennspannung der einzelnen Zellen mit der Anzahl der in Reihe geschalteten Batteriezellen. Nach der Norm EN 50 342 beträgt die Nennspannung für Starterbatterien 12 V.

Leerlauf- und Ruhespannung

Die Leerlaufspannung ist die Spannung der unbelasteten Batterie. Sie verändert sich nach abgeschlossenen Lade- und Entladevorgängen aufgrund von Diffusions- und Polarisationsvorgängen bis hin zu einem Endwert, den man als Ruhespannung U_0 bezeichnet (Bild 16). Die Ruhespannung ist die Multiplikation der Anzahl der Zellen mit der Zellenruhespannung U_{Z0}. Bei sechs Zellen gilt:

$$U_0 = U_{Z01} + U_{Z02} + \ldots + U_{Z06} \approx 6 \cdot U_{Z0}$$

Die Ruhespannung ist wie die Zellenspannung eine von Ladezustand und Elektrolyttemperatur abhängige Größe. Aus einer Spannung, die direkt nach Lade- oder Entladevorgängen gemessen wurde, kann

16 Ruhespannung einer Batterie

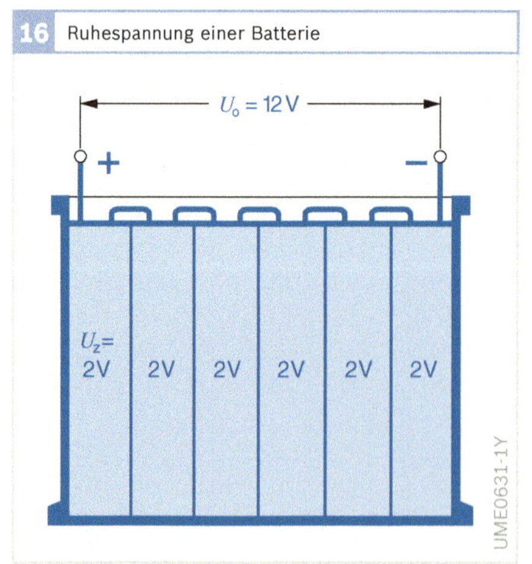

Bild 16
U_z Zellenspannung
U_0 Ruhespannung

17 Spannungen der Batterie

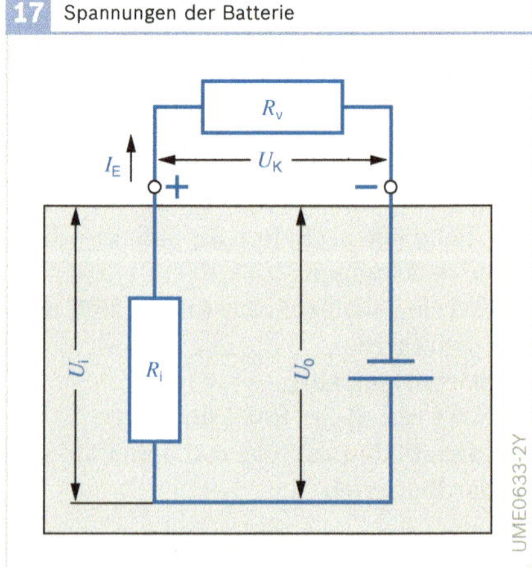

Bild 17
I_E Entladestrom
R_i Innenwiderstand
R_v Verbraucherwiderstand
U_0 Ruhespannung
U_K Klemmenspannung
U_i Spannungsfall am Innenwiderstand

nicht auf den Ladezustand geschlossen werden. Erst nach einer Wartezeit, die u. U. mehrere Tage dauern kann, stellt sich eine ausgeglichene Ruhespannung ein, die dann zur Bewertung des Ladezustands herangezogen werden kann. Geeigneter zur Ermittlung des Batterieladezustands ist das Messen der Säuredichte.

Innerer Widerstand R_i

Der innere Widerstand R_i einer Zelle setzt sich aus verschiedenen Teilwiderständen zusammen. Im Wesentlichen aus dem Übergangswiderstand R_{i1} zwischen den Elektroden und dem Elektrolyt (Polarisationswiderstand). Dazu kommen noch der Widerstand R_{i2}, den die Elektroden (Platten mit Separatoren) dem Elektronenstrom entgegensetzen sowie der Widerstand R_{i3}, den der Elektrolyt dem Ionenstrom bietet. Bei einer Reihenschaltung von mehreren Zellen muss noch der Widerstand der Zellenverbinder R_{i4} addiert werden. Damit ist $R_i = R_{i1} + R_{i2} + R_{i3} + R_{i4}$.

Mit zunehmender Plattenzahl (größere Fläche) verringert sich der innere Widerstand der Zelle. Das heißt, je größer die Kapazität einer Zelle ist, desto kleiner ist der innere Widerstand (bei gleicher Plattendicke). Mit fortschreitender Entladung und bei niedriger Temperatur (Schwefelsäure wird zähflüssiger) steigt R_i hingegen an.

Der Innenwiderstand einer 12-Volt-Starterbatterie setzt sich aus einer Reihenschaltung der inneren Widerstände der einzelnen Zellen sowie aus den Widerständen der inneren Verbindungsteile (Plattenverbinder und Zellenverbinder) zusammen. Bei einer voll geladenen 50-A · h-Batterie liegt er bei 20 °C in der Größenordnung von 5...10 mΩ; bei einem Ladestand von 50 % und -25 °C steigt er auf etwa 25 mΩ. Er ist eine kennzeichnende Größe für das Startverhalten. Der Innenwiderstand der Batterie bestimmt zusammen mit den übrigen Widerständen des Starterstromkreises die Durchdrehdrehzahl beim Start.

Klemmenspannung U_K

Die Klemmenspannung U_K ist die Spannung zwischen den beiden Endpolen einer Batterie. Sie ist abhängig von der Leerlaufspannung und dem Spannungsfall U_i am Innenwiderstand R_i der Batterie (Bild 17):
$U_K = U_0 - U_i$ mit $U_i = I_E \cdot R_i$

Wird einer Batterie über einen Verbraucher mit dem Lastwiderstand R_L ein Entladestrom I_E entnommen, so vermindert sich die Klemmenspannung bei Belastung gegenüber der Spannung in unbelastetem Zustand. Die Ursache hierfür ist der Innenwiderstand der Batterie. Fließt ein Strom I_E durch die Zelle, so entsteht an R_i ein Spannungsfall U_I, der mit wachsendem Strom zunimmt. Da der Innenwiderstand unter anderem von Temperatur und Ladezustand abhängig ist, sinkt die Klemmenspannung der belasteten Batterie bei tieferen Temperaturen und schlechterem Ladezustand.

Durch zusätzliches Messen der Klemmenspannung einer belasteten Batterie kann auf ihren Ladezustand und den Grad des Verschleißes geschlossen werden.

Gasungsspannung

Die Gasungsspannung ist nach DIN 40 729 die Ladespannung, bei deren Überschreiten eine Batterie deutlich zu gasen beginnt. Dies führt zu Wasserverlusten in der Batterie und es besteht die Gefahr der Knallgasbildung. Für die Gasungsspannung gilt nach DIN VDE 0510 je nach Bauart ein Richtwert von 2,40...2,45 Volt je Zelle. Bei 12-Volt-Batterien liegt diese Spannungsgrenze damit bei 14,4...14,7 Volt, je nach Elektrolyttemperatur. Um Wasserverlust im Fahrbetrieb zu reduzieren, aber gleichzeitig auch eine schnelle Wiederaufladung zu gewährleisten, sollten temperaturabhängige Reglerkennlinien verwendet werden. Diese sehen z. B. für absolut wartungsfreie geschlossene Batterien einen Maximalwert von 16 V bei Temperaturen deutlich unter 0 °C und etwa 13,5 V bei Temperaturen deutlich über 30 °C vor. Hiermit wird berücksichtigt, dass die Aufladbarkeit der Bleibatterie bei kleinen

Temperaturen gehemmt ist, so dass hier die Ladespannung angehoben werden muss. Bei hohen Temperaturen ist die Ladespannung geringer anzusetzen, um Wasserverlust und auch die Korrosion von Batterien zu begrenzen. Letztere wirkt verstärkt bei hohen Temperaturen und Spannungen.

Für wartungsfreie verschlossene Gel-Batterien wird eine Ladespannung von 14,1 V (2,35 V/Zelle) bei einer Ladezeit von maximal 48 Stunden angegeben.

Kapazität

Verfügbare Kapazität *K*

Die Kapazität *K* ist die unter bestimmten Bedingungen entnehmbare Strommenge, das Produkt aus Stromstärke und Zeit (Amperestunden, A · h). Die eingesetzte Menge an aktiver Masse und die Menge an Schwefelsäure bestimmt im Wesentlichen die Kapazität der Batterie. Für hohe Leistungen (z. B. hohe Stromentnahme beim Starten eines Verbrennungsmotors) müssen der aktiven Masse eine große innere und eine große äußere Oberfläche (große Plattenzahl und große geometrische Plattenabmessungen) zur Verfügung stehen. Die große innere Oberfläche wird während der elektrochemischen Vorbehandlung der Platten (Formieren) erzeugt. Die Kapazität ist jedoch keine konstante Größe, sondern hängt von folgenden Einflussgrößen ab (Bilder 18 und 19):

- Entladestromstärke,
- Dichte und Temperatur des Elektrolyts,
- zeitlicher Verlauf der Entladung (Kapazität ist bei Entladung mit einer Pause größer als bei einer ununterbrochenen Entladung),
- Alter der Batterie (Kapazitätsrückgang gegen Ende der Gebrauchsdauer infolge Masseverlust der Platten) und
- Grad der Säureschichtung der Batterie.

Besonders wichtig ist die Entladestromstärke. Je größer die Entladestromstärke, desto kleiner ist die verfügbare Kapazität. Im Beispiel in Bild 19 kann die verfügbare Kapazität von 44 A · h bei einem Entladestrom von 2,2 Ampere bis zu 20 Stunden genutzt werden. Bei einem mittleren Starterstrom von 150 Ampere und 20 °C sinkt die verfügbare Kapazität bei einer Entladezeit von ca. 8 Minuten auf ca. 20 A · h. Der Grund dafür ist, dass bei kleinem Entladestrom die elektrochemischen Vorgänge langsam bis tief in die Poren der Platten hinein vor sich gehen und dabei auch außerhalb der Platten befindliche Säure (ca. 50 %) genutzt werden kann, während bei Entladung mit größerem Strom die Umsetzung hauptsächlich an der Plattenoberfläche mit der dort in den Poren vorhandenen Säuremenge abläuft.

Temperatureinfluss auf die Kapazität

Kapazität und Entladespannung einer Batterie nehmen mit steigender Temperatur unter anderem wegen der geringeren Viskosität (Zähflüssigkeit) der Säure und des dadurch bedingten geringeren Innenwiderstands zu. Mit sinkender Temperatur dagegen nehmen sie ab, da die chemischen Vorgänge dann weniger effektiv verlaufen.

Die Kapazität einer Starterbatterie darf deshalb nicht zu knapp bemessen sein. Bei großer Kälte besteht sonst die Gefahr, dass der Verbrennungsmotor beim Starten nicht mit der erforderlichen Drehzahl und nicht lange genug durchgedreht wird. Bild 20 soll dies veranschaulichen:

18 Verfügbare Kapazität in Abhängigkeit von Temperatur und Entladestrom

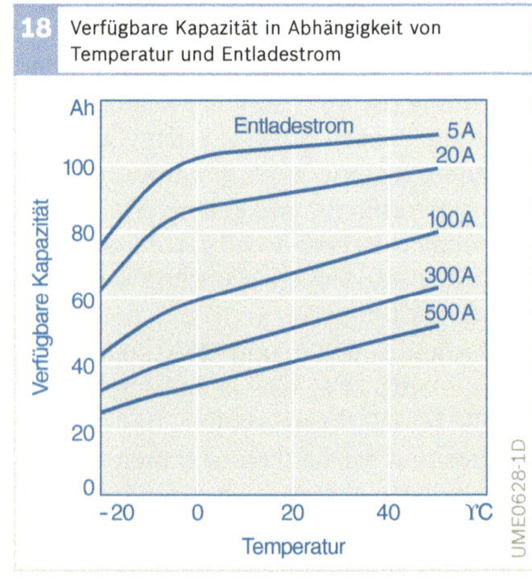

Bild 18
Batterie: 12 V, 100 A · h (bezogen auf Entladezeit 20 h und 100 % Ladezustand)

Kurve 1a zeigt – in Abhängigkeit von der Temperatur – die Drehzahlen des Starters bei einer um 20 % entladenen Batterie (Kurve 1b bei stark entladener Batterie), Kurve 2 zeigt die vom Verbrennungsmotor benötigte Mindestanfangsdrehzahl. Diese Drehzahl ist bei großer Kälte wegen der hohen Reibungswiderstände im Fahrzeugmotor und im Getriebe (z. B. höhere Zähigkeit des Schmieröls) relativ hoch.

Der Schnittpunkt S_1 der Kurven 1a und 2 ergibt die Kaltstartgrenze (Grenztemperatur) bei der um 20 % entladenen Batterie. Das heißt, bei noch niedrigeren Temperaturen oder geringerer Batterieladung ist ein Starten nicht mehr möglich, weil die von der Batterie bzw. dem Starter lieferbare Leistung kleiner ist als die vom Verbrennungsmotor benötigte Startleistung. Bei stark entladener Batterie verschiebt sich die Kaltstartgrenze (Schnittpunkt S_2) zu höheren Temperaturen hin.

Nennkapazität K_{20}

Die Nennkapazität K_{20} ist die einer Batterie zugeordnete Elektrizitätsmenge in Amperestunden (A·h). Diese Elektrizitätsmenge muss sich nach EN 50342 mit einem festgelegten Entladestrom I_{20} in 20 h bis zur festgelegten Entladeschlussspannung 10,5 V bei (25 ±2) °C entnehmen lassen. Der Entladestrom I_{20} ist derjenige Strom, der der Nennkapazität zugeordnet ist und während der festgelegten Entladedauer von der Batterie abgegeben wird: $I_{20} = K_{20}/20$ h.

Die Nennkapazität ist ein Maß für die in der Batterie im Neuzustand speicherbaren Energie. Sie hängt von der Menge der eingesetzten aktiven Masse und dem Elektrolytangebot ab. Eine neue 44-A·h-Batterie kann beispielsweise mindestens 20 Stunden mit einem Strom von 2,2 A entladen werden (44 A·h/20 h = 2,2 A), bis die Entladeschlussspannung von 10,5 Volt erreicht ist. Die Nennkapazität muss bei der Auslegung der Dauerverbraucher

20 Temperatureinfluss auf Starterdrehzahl und Mindest-Anfangsdrehzahl des Motors

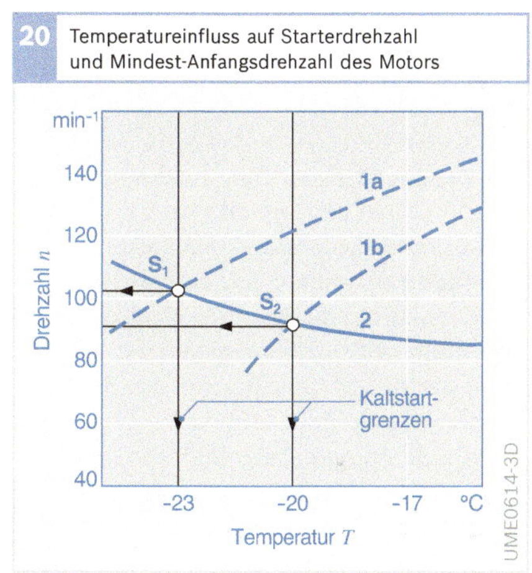

19 Abhängigkeit der Batteriekapazität von der Entladestromstärke (Batterie: 12 V 44 A·h)

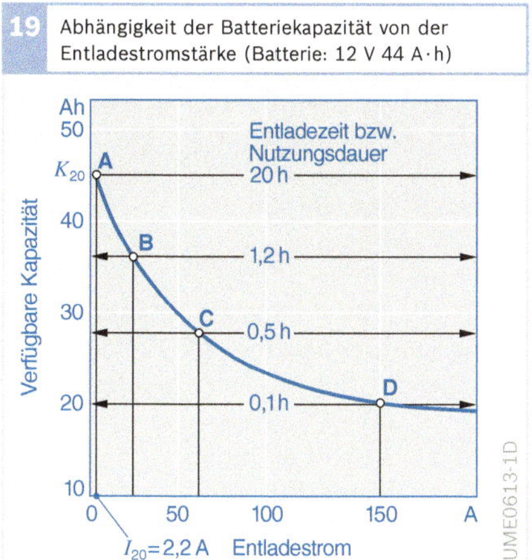

21 Entladung einer 12-Volt-Batterie mit dem Kälteprüfstrom I_{CC} bei −18 °C und bei 27 °C

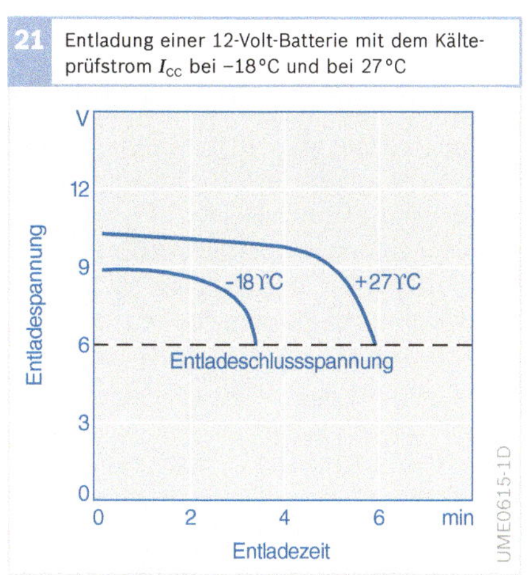

Bild 19
Strombedarf:
- A 20-stündige Entladung
- B Zündung und Beleuchtung
- C zusätzlich Gebläse, Scheibenheizung, Nebellicht, Wischer und Radio
- D mittlerer Starterstrom

Bild 20
Beispiel:
- 1a Starterdrehzahl Batterie um 20 % entladen
- 1b Starterdrehzahl Batterie stark entladen
- 2 Mindestanfangsdrehzahl des Motors
- S_1, S_2 Kaltstartgrenze

im Bordnetz eines Kraftfahrzeugs berücksichtigt werden (Bild 19).

Kälteprüfstrom I_{CC}

Der Kälteprüfstrom I_{CC} (früher I_{KP}) kennzeichnet die Stromabgabefähigkeit der Batterie bei Kälte. Nach EN 50 342 muss die Klemmenspannung bei Entladung mit I_{CC} und -18 °C sowie 10 Sekunden nach Entladebeginn mindestens 7,5 V (1,25 V pro Zelle) betragen. Weitere Einzelheiten zur Entladedauer sind dieser Norm zu entnehmen. Maßgeblich für das durch I_{CC} gekennzeichnete Kurzzeitverhalten sind die Plattenzahl, die Plattenfläche, der Plattenabstand und das Material der Separatoren.

Eine das Startverhalten kennzeichnende Größe ist der Innenwiderstand R_i. Für -18 °C und eine volle 12-V-Batterie gilt etwa: $R_i = 4000/I_{CC}$, wobei I_{CC} in Ampere einzusetzen ist. Der Innenwiderstand R_i ergibt sich in der Einheit mΩ.

Der Innenwiderstand der Batterie bestimmt zusammen mit den übrigen Widerständen des Starterstromkreises die Durchdrehdrehzahl beim Starten. Allerdings ist der Kälteprüfstrom in verschiedenen Staaten nach unterschiedlichen Prüfbedingungen festgelegt, sodass ein direkter Vergleich dieser Angabe nicht immer möglich ist.

Für eine Fahrzeugbatterie, die die elektrische Energie für den Starter liefern muss, ist die Startfähigkeit bei Kälte meist noch wichtiger als die Kapazität. Der Kälteprüfstrom ist damit ein Maß für die Startfähigkeit, da er sich auf eine Stromentnahme bei tiefer Temperatur bezieht. Er hängt stark von der gesamten Oberfläche (Plattenzahl und -fläche) der aktiven Masse ab. Denn je größer die Berührungsfläche zwischen Bleimasse und Batteriesäure ist, umso höher kann eine kurzzeitige Stromentnahme sein. Für einen schnellen Ablauf der chemischen Vorgänge im Elektrolyt sind der Plattenabstand und das Separatorenmaterial wichtige Einflussgrößen, die den Kälteprüfstrom ebenfalls bestimmen.

Typenbezeichnungen

Ausführungen und Bezeichnungen verschiedener Starterbatterien sind in Normen festgelegt, um die Produkte unterschiedlicher Hersteller gegeneinander austauschen zu können (Kompatibilität). Bosch-Batterien sind im Allgemeinen mit folgenden Informationen beschriftet:

- Kenngrößen nach EN-Norm,
- Europäische Typnummer ETN mit allgemeinen Sicherheitshinweisen zum Umgang mit Batterien,
- Typteilenummer TTNR,
- Kundensuchnummer KSN (speziell für Bosch Silver).

Kenngrößen

Die in der europäischen Norm EN 50 342 festgelegten Kenngrößen beschreiben die Standards bzw. Eigenschaften einer Starterbatterie. Die wichtigsten Kenngrößen einer Starterbatterie sind

- Nennspannung (z. B. 12 Volt),
- Nennkapazität (z. B. 44 A·h) und
- Kälteprüfstrom (z. B. 360 Ampere).

In den USA wird ein Code z. B. nach SAE (Society of Automotive Engineers) und in Japan z. B. nach JIS (Japanese Industrial Standard) benutzt.

Europäische Typnummer ETN

Die europäische Typnummer ETN ersetzt in Deutschland seit 1998 die DIN-Nummer. Sie gibt Aufschluss über Spannung, Kapazität und Kälteprüfstrom der jeweiligen Batterie.
Beispiel: 5 44 059 036

Kennziffer für den Batterietyp

Die Stelle 1 der ETN gibt die Batteriespannung an (im Beispiel „5“ für 12 Volt). Die jeweiligen Ziffern sagen Folgendes aus:

1...4: 6-Volt-Batterien
5...7: 12-Volt-Batterien
8: Sonderbatterien
9: Kleintraktionsbatterien

Kennziffer für die Kapazität
Die Stellen 2 und 3 der ETN geben die Kapazität (20-stündig) in A·h an (im Beispiel 44 für 44 A·h). Bei über 100 A·h erhöht sich die Stelle 1 um 1 je 100 A·h (im Bereich 5...7).

Zählnummer
Die Stellen 4, 5 und 6 der ETN geben eine Zählnummer an (im Beispiel 059). Anhand dieser Zählnummer können mit Hilfe einer Liste verschiedene weitere Informationen über die Batterie abgelesen werden (z. B Rüttelfestigkeit).

Kennziffer für Kälteprüfstrom
Die Stellen 7, 8 und 9 der ETN geben den Kälteprüfstrom nach EN an. Die Zahl gibt dabei ein Zehntel des Stroms wieder (im Beispiel 036 für 360 A).

Typteilenummer TTNR

Die alphanumerische Bosch-Typteilenummer TTNR besteht aus einer Bosch-Zahlenkombination für den Batterietyp und einer ETN mit Bosch-Codierung.
Beispiel: 0 093 S 544 1N

Kennziffer für den Batterietyp
Die Stellen 2 und 3 der TTNR geben an, ob es sich um eine antimonfreie oder eine antimonhaltige Batterie handelt. 09 entspricht antimonfreien, 18 antimonhaltigen Batterien.

Kennziffer für die Spannung und Kapazität
Die Stelle 6 der TTNR gibt die Batteriespannung an, die Stellen 7 und 8 die Kapazität. Es gilt die gleiche Kodierung wie bei der ETN für die Stellen 1...3.

Kundensuchnummer KSN

Für die Batterien Bosch Silver gibt es Kundensuchnummern (KSN), um dem Kunden die Suche nach der für sein Fahrzeug geeigneten Batterie zu erleichtern.

Praxis- und Labortests von Batterien

In der EN 50342 sind verschiedene Laborhaltbarkeitstests beschrieben. Zusätzlich werden Prüfungen zur Ladungsaufnahme, für den Wasserverbrauch und zur Rüttelfestigkeit beschrieben. Ergänzend hierzu werden von den Kfz-Herstellern häufig noch weitere Tests verlangt. So werden bei extremen Temperaturen Lade- und Entladezyklen der Batterie und ein anschließender Motorstart simuliert. Ein Beispiel ist der J240-Test, der sich an der amerikanischen SAE-Norm orientiert. Er testet die Lebensdauer einer Batterie bei hohen Temperaturen (75 °C).

Gebrauchsdauer

In Labortests kann eine Batterie hinsichtlich verschiedener geforderter Batterieeigenschaften geprüft werden. Das Zusammenspiel der Batterieeigenschaften zur Erzielung optimalen Nutzens im Fahrzeug kann dagegen nur in der Praxis getestet werden. Deshalb werden Batterien im Fahrbetrieb getestet. Ein Beispiel ist der Test in Taxis in Las Vegas. Hier werden besondere Anforderungen an die Batterie gestellt. Es liegen aufgrund des Klimas hohe Temperaturen vor und durch den Betrieb im Taxi ergibt sich auch eine hohe zyklische Belastung der Batterie. Hier zeigen Blei-Kalzium-Batterien eine um den Faktor 1,4, Blei-Kalzium-Silber-Legierung eine um den Faktor 3 längere Einsatzdauer verglichen mit herkömmlichen Batterien.

Selbstentladung

Das Prinzip der Blei-Akkumulatoren bedingt eine Selbstentladung der Plus- und Minusplatten. In Abhängigkeit von der Temperatur und weiteren Faktoren ist die Batterie nach einer bestimmten Zeit auch ohne äußeren Verbraucher elektrisch „leer". Bei konventionellen Starterbatterien bewirkt die Antimonvergiftung eine Steigerung der Selbstentladereaktion auf der Minusplatte; die Rate steigt mit der

Gebrauchsdauer deutlich an. In der Praxis bedeutet dies, dass neue konventionelle Starterbatterien in gefülltem Zustand nach sechs Monaten Standzeit bei Raumtemperatur nur noch einen Ladezustand von ca. 65 % besitzen. Dies entspricht einer Säuredichte von 1,20 kg/*l*. Gebrauchte Batterien erreichen diesen Wert unter Umständen schon nach wenigen Wochen Standzeit. Bei der wartungsfreien Starterbatterie beträgt der Ladezustand nach sechs Monaten 90 %. Die entsprechende Säuredichte beträgt 1,26 kg/*l*. Erst nach 18 Monaten werden 65 % Ladezustand (Säuredichte ρ = 1,20 kg/*l*) erreicht (Bild 22).

Wegen des reineren Legierungssystems der Blei-Kalzium-Gitter entlädt sich die absolut wartungsfreie Batterie wesentlich langsamer. Die niedrige Selbstentladerate von Plus- und Minusplatte bleibt dadurch während der gesamten Gebrauchsdauer konstant. Von besonderer Bedeutung ist die Selbstentladung für Fahrzeuge im Saisonbetrieb (z. B. in der Land-, Forst- und Bauwirtschaft), aber auch für Zweitwagen und Wohnmobile, die im Winter nicht oder selten gefahren werden. Dies trifft ebenso auf Fahrzeuge zu, die kontinuierlich gefertigt werden, jedoch wegen saisonalem Verkauf bzw. langen Stand- und Transportzeiten zwischen Herstellung und Inbetriebnahme still stehen (Exportfahrzeuge).

Startleistung

Die absolut wartungsfreie Starterbatterie mit Blei-Kalzium-Silber-Technologie weist eine um etwa 30 % höhere Startleistung auf als eine konventionelle Batterie. Das ist im Wesentlichen auf die Taschenseparatoren mit niedrigem spezifischem Durchgangswiderstand und auch auf die Vergrößerung der Plattenoberfläche wegen des Wegfalls des Schlammraums zurückzuführen.

Zusätzlich bleibt die Startleistung der wartungsfreien Batterie dank der Blei-Kalziumlegierung gegenüber der konventionellen Batterie über viele Jahre annähernd erhalten und fällt erst gegen Ende der Gebrauchsdauer unter den Sollwert der Norm für neue Batterien ab. Während die absolut wartungsfreie Starterbatterie nach 75 % der Gebrauchsdauer noch über dem Sollwert der Norm liegt, unterschreitet die konventionelle Batterie den Sollwert der Norm deutlich früher (bei 40 %) und hat in der Praxis nach 75 % der Gebrauchsdauer schon ca. ein Drittel der ursprünglichen Startleistung verloren (Bild 23).

Stromaufnahme

Antimonarme und antimonfreie Batterien verhalten sich bei der Prüfung der Stromaufnahme nach EN 50342 annähernd gleich. Beim Laden mit Reglern, die die Batterietemperatur berücksichtigen und

22 Säuredichte in Abhängigkeit von der Lagerzeit bei Raumtemperatur

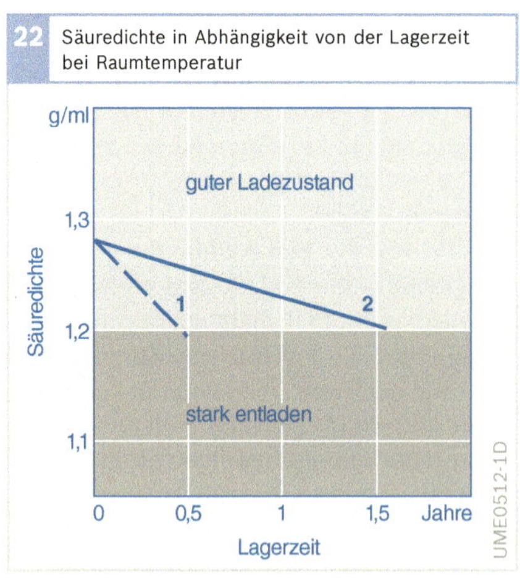

Bild 22
1 Konventionelle Starterbatterie (PbSb)
2 wartungsfreie Starterbatterie (PbCa)

23 Startleistung in Abhängigkeit von der Gebrauchsdauer

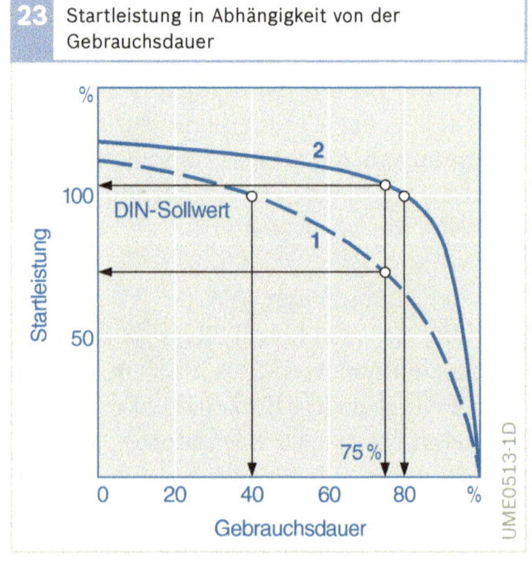

Bild 23
1 Konventionelle Starterbatterie (PbSb)
2 wartungsfreie Starterbatterie (PbCa)

die Spannung von 14,5 V überschreiten können, hat die absolut wartungsfreie Starterbatterie große Vorteile (höhere Gasungsspannung, geringerer Wasserverlust). In der Praxis sind die Unterschiede bei den gebräuchlichen Reglerkennlinien (siehe Abschnitt „Kenngrößen der Batterie/Gasungsspannung") gering, abgesehen von einer besseren Stromaufnahme der wartungsfreien Batterie mit Blei-Kalziumlegierung bei Ladezustand unter 50 %. Denn bei Kälte benötigt jede Batterie zum Erreichen des gleichen Ladezustands eine höhere Ladespannung. Die absolut wartungsfreie Batterie speichert entsprechend ihrer höheren Gasungskennlinie den erhöhten Ladestrom auch ohne Gasungsverluste ab, erreicht also einen höheren Ladezustand und bietet damit bessere Startbedingungen.

Überladefestigkeit

Überladung als bestimmender Faktor für die Batterielebensdauer kommt z. B. bei Vielfahrern und Kurierfahrzeugen, aber auch bei landwirtschaftlichen Fahrzeugen, Baufahrzeugen sowie Lkw im Fernverkehr vor. In diesen Fällen ist die Batterie voll geladen, der Motor läuft mit hoher Drehzahl, und der Generator hat nur wenige Verbraucher zu versorgen. Der Ladestrom führt nun zu Überladung, Korrosion und Masseauflockerung. In einem Labortest bei einer Elektrolyttemperatur von 40 °C und einer Ladespannung von 14 bzw. 16 V zur Simulation dieser Bedingungen zeigt die wartungsfreie Starterbatterie eine deutlich längere Lebensdauer als eine antimonhaltige Batterie.

Tiefentladefestigkeit

Um die Tiefentladefestigkeit zu prüfen, wird die Batterie über eingeschaltete Lampen entladen und bleibt dann vier Wochen im Kurzschluss stehen. Die Batterie muss sich danach unter Bordnetzbedingungen wieder aufladen lassen. Sie muss noch funktionsfähig sein und darf nur bestimmte Leistungsrückgänge aufweisen. Zum Beispiel einen Verlust in Batteriekapazität, der kleiner als ein bestimmter Grenzwert ist.

Wasserverbrauch

Sowohl antimonfreie als auch antimonhaltige Starterbatterien unterschreiten als neue Batterien im Test deutlich die Forderung der Norm nach einem Wasserverbrauch von weniger als 6 $g/A \cdot h$. Die Blei-Kalziumbatterie kommt in der Regel auf Dauer mit 1 $g/A \cdot h$ aus.

Die Wasserverbrauchswerte der absolut wartungsfreien Starterbatterie sind deshalb so günstig, weil die Gasungsspannung während der gesamten Gebrauchsdauer auf ihrem hohen Anfangswert bleibt und somit nur eine minimale Wasserzersetzung stattfindet.

Eine Elektrolytkontrolle beschränkt sich

- bei wartungsarmer Batterie auf alle 15 Monate oder alle 25 000 km und
- bei absolut wartungsfreier Batterie (nach EN) auf alle 25 Monate oder alle 40 000 km.

Zusammenfassung

Für die absolut wartungsfreie Batterie ergeben sich folgende Vorteile.

- Die Ladespannung liegt nur bei hohen Temperaturen über der Gasungsspannung. Dadurch kommt es nur selten zur Gasung: das Nachfüllen von destilliertem Wasser entfällt somit während der gesamten Gebrauchsdauer.
- Wartungsfehler wie vergessenes Nachfüllen von destilliertem Wasser oder Einfüllen von verunreinigtem Wasser können nicht mehr vorkommen.
- Gefahren und Schäden durch Hautkontakt mit Schwefelsäure entfallen.
- Längere Lebensdauer und Haltbarkeit.
- Gleich bleibend hohe Startleistung.
- Höhere Kurzstreckenfestigkeit.
- Höhere Leistungsfähigkeit in allen Temperaturbereichen.
- Kosteneinsparung bei Wartung und Pflege.
- Möglichkeit der Unterbringung an schwer zugänglichen Stellen im Kfz.

Batterie-Geschichte(n)

In der Geschichte rund um die Entwicklung der Batterie haben sich viele Wissenschaftler und Erfinder verdient gemacht. Vor allem Männer wie Luigi Galvani (1789), Alessandro Graf Volta (um 1800), Johan Ritter (um 1800), Gaston Planté (1859) oder Camille Faure brachten die Entwicklung des Akkumulators auf den richtigen Weg.

Ende des 19. Jahrhunderts wurden schon Gitterplatten gefertigt, die ihrem Prinzip nach bis heute noch Bestandteile von Blei-Akkumulatoren sind. Demnach hat sich der Blei-Akkumulator von früher bis zum heutigen Tage grundsätzlich kaum verändert: immer noch Zellen, immer noch Platten, immer noch Schwefelsäure! Doch bei genauerem Hinsehen stellt man fest: die Energiedichte hat sich vervielfacht, das Material (früher z. T. noch Holz für Separatoren und Gehäuse) wurde weitgehend durch Kunststoff ersetzt, die absolute Wartungsfreiheit gehört heute zum Standard einer Starterbatterie, und die Lebensdauer erreicht in Ausnahmefällen schon ein ganzes „Fahrzeugleben“.

Die Batteriegeschichte in Zahlen

- 1905 wurden die ersten Batterien in Kraftfahrzeuge eingebaut (zuerst nur für Beleuchtungszwecke).
- 1914 verrichtete erstmals eine Starterbatterie ihren Dienst in einem Kfz.
- 1922 gab es bereits die ersten Bosch-Motorradbatterien und vier Jahre später ein erstes Batterieladegerät.
- Ab 1927 entwickelte Bosch auch Autobatterien, und schon neun Jahre danach begann die Fertigung solcher Batterien am Fließband.

Nach dem 2. Weltkrieg war die Entwicklung der Bosch-Fahrzeugbatterie geprägt von der

- Einführung des Kunststoffs im Batteriebau (z. B. „Polystyrol“, 1955; „Polypropylen“, 1971),
- Verbesserung einzelner Batteriekomponenten (z. B. „Faltrippen-Separator“, 1956; „Blockdeckel“, für 6-V-Batterien 1964 und für 12-V-Batterien 1966; „Direktzellenverbinder“, 1971; „Streckmetall-Technik für Minusgitter“, 1985) und
- Herstellung spezieller Batterietypen (z. B. „zyklenfest“, 1969; „wartungsarm“, 1979; „rüttelfest“, 1980; „wartungsfrei“, 1982; „absolut wartungsfrei“, 1988).

Starterbatterie aus dem Jahre 1951

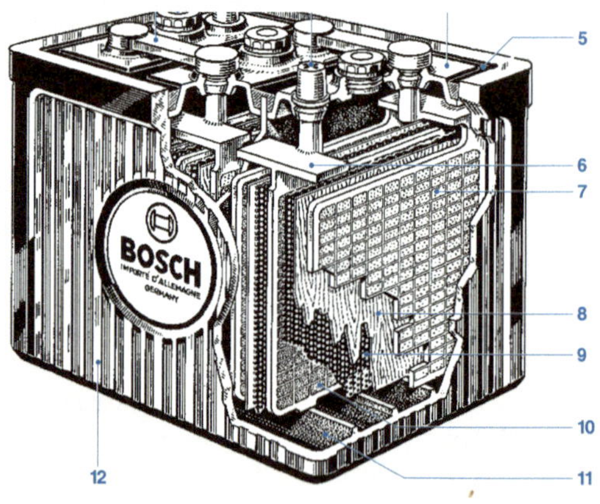

1 Verbindungsschiene
2 Verschlussstopfen
3 Polkopf
4 Zellendeckel
5 Vergussmasse
6 Polbrücke
7 Minusplatte
8 Holzseparator
9 Hartgummiseparator
10 Plusplatte
11 Steg
12 Batteriegehäuse

Batteriewartung

Wartung und Pflege von Batterien
Batterien werden üblicherweise in einem gefüllten Zustand ausgeliefert, d. h., eine Erstbefüllung mit Säure ist nicht mehr erforderlich. Nur bei einigen Batterietypen, wie z. B. Motorradbatterien oder Nkw-Batterien kann eine Befüllung noch notwendig sein. Hier muss dann nach Bedienungsanleitung vorgegangen werden.

Auch eine Wartung ist in vielen Fällen, z. B. bei absolut wartungsfreien Batterien wie der Bosch Silver, nicht mehr nötig und auch nicht mehr möglich. Diese Batterien haben einen so geringen Wasserverlust, dass ein Nachfüllen von destilliertem Wasser nicht erforderlich ist.

Batterien, bei denen die Wartung entfällt, sind üblicherweise daran zu erkennen, dass die Batteriestopfen nicht mehr zugänglich sind.

Säuredichte und Ladezustand
Die Säuredichte ist das Hauptmerkmal für den Ladezustand einer Batterie. Tabelle 1 zeigt einige Zahlenwerte für die Dichte der Batteriesäure und deren Gefrierschwelle (Erstarrungspunkt) bei verschiedenen Ladezuständen.

Säuredichte und Betriebstemperatur
Hohe Temperaturen haben eine Beschleunigung der chemischen Vorgänge in der Batterie zur Folge. Dadurch werden jedoch nicht nur die Leistung der Startanlage und die Kapazität vergrößert, sondern es werden auch die Platten stärker angegriffen (Masse fällt aus, Gitter korrodieren). Außerdem wird die Selbstentladung beschleunigt.

1 Säurewerte der verdünnten Schwefelsäure

Ladezustand	Säuredichte in kg/l [1])	Gefrierschwelle in °C
Geladen	1,28	−68
Halb geladen	1,16/1,20 [2])	−17...−27
Entladen	1,04/1,12 [2])	−3...−11

Säuredichte und Erstarrungstemperatur
Je tiefer die Entladung, desto mehr wird die Säure verdünnt. Damit verschiebt sich der Erstarrungspunkt zu höheren, ungünstigeren Temperaturen. Die Batteriesäure in einer geladenen Batterie mit einer spezifischen Dichte von 1,28 kg/l hat einen Erstarrungspunkt von -60...-68 °C. Eine entladene Batterie mit einer spezifischen Dichte von 1,04 kg/l hat dagegen einen Erstarrungspunkt von -3...-11 °C; sie kann bei tiefen Außentemperaturen gefrieren (s. Tabelle 1).

Eine Batterie mit gefrorenem Elektrolyt kann nur noch niedrige Ströme abgeben und ist zum Starten nicht verwendbar. Ein Batteriegehäuse aus Polypropylen bleibt auch bei gefrorenem Elektrolyt stabil. Die Wahrscheinlichkeit, dass das Gehäuse zerbricht, ist klein, da sich die Flüssigkeit nicht zu 100 % auskristallisiert. Eine gefrorene Batterie sollte nicht geladen werden, da die zähe Batteriesäure anfängt zu quellen. Die Batterie muss erst auftauen, bevor sie wieder geladen werden kann.

Messen der Säuredichte
Das Messen der Säuredichte wird in Werkstätten nur noch selten vorgenommen, weil in Fahrzeugen vorwiegend absolut wartungsfreie Batterien eingesetzt werden. Zur Prüfung der Säuredichte von herkömmlichen Batterien wird vereinzelt noch der Säureheber eingesetzt. Mit dessen Ansaugballon kann Säure in die Glasröhre angesaugt werden. Das Aräometer - ein Schwimmer mit Skala - bestimmt die Dichte der Säure, der Messwert kann an der Skala abgelesen werden.

Moderne Säurerefraktometer nutzen das Brechungsvermögen der Säure und schließen daraus auf die Dichte. Für diese Messung ist nur noch ein kleiner Tropfen Säure erforderlich. Dieses Gerät kann auch zur Frostschutzprüfung des Kühlmittels und des Wassers für die Waschanlage herangezogen werden.

Bei herkömmlichen Batterien sollte der Elektrolytstand regelmäßig kontrolliert

Tabelle 1
[1]) Bei 20 °C: Die Säuredichte sinkt bei steigender und steigt bei sinkender Temperatur um ca. 0,01kg/l je 14K Temperaturänderung
[2]) Niedriger Wert: hohe Säureausnutzung; hoher Wert: niedrige Säureausnutzung.

und bei Bedarf mit destilliertem Wasser bis zur angegebenen „Max-Marke“ aufgefüllt werden. Vor Beginn der kalten Jahreszeit empfiehlt sich eine Kontrolle des Ladezustands durch Messung der Säuredichte. Liegt diese unter 1,20 kg/*l*, sollte die Batterie nachgeladen werden.

Bei absolut wartungsfreien Batterien ist keine Möglichkeit mehr zum Messen der Säuredichte gegeben, auch ist das Nachfüllen von destilliertem Wasser nicht mehr erforderlich. Bei der Bosch-Silver-Batterie bekommt man eine Information über die Säuredichte und damit über den Ladezustand über das „Power-Control-System“ (Bild 1). Ist die Anzeige grün im transparenten Fenster, dann ist die Batterie ausreichend geladen. Ist die Anzeige schwarz, dann ist die Säuredichte und damit der Ladezustand zu niedrig, die Batterie muss nachgeladen werden. Wird das Fenster hell, dann hat der Elektrolytstand den Minimalwert unterschritten, die Batterie muss ausgetauscht werden.

Lagerung einer Batterie

Für den Handel sind für neue Batterien folgende Lagerzeiten vorgeschrieben:

- ungefüllt: unbegrenzt,
- gefüllt, konventionell: 3 (max. 6) Monate,
- gefüllt, absolut wartungsfrei: 18 Monate.

1 Power-Control-System der Bosch-Silver

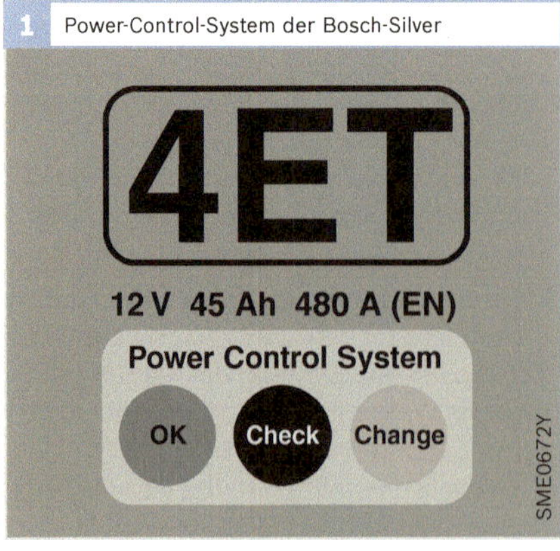

Bei längeren Lagerzeiten sind die Batterien in regelmäßigen Abständen entsprechend der Normalladung nachzuladen. Batterien müssen kühl und trocken nur in gutem Ladezustand gelagert werden. Bei gebrauchten Batterien verkürzen sich mit zunehmendem Alter die Lagerzeiten. Sofern möglich, ist die Batterie mit kleinem Strom dauernd zu laden. Falls die Batterie im Fahrzeug verbleibt, ist ihr Minuspol abzuklemmen.

Laden von Batterien

Wenn der Generator die Batterie nicht genügend laden kann, muss diese mit einem Ladegerät aufgeladen werden. Dies ist auch der Fall, wenn die Batterie längere Zeit nicht in Betrieb war oder bevor sie stillgelegt und eingelagert wird.

Lademethoden

Normalladung

Bei Normalladung wird allgemein mit dem Ladestrom I_{10} geladen, der 10 % der Batterienennkapazität entspricht:

$$I_{10} = 0{,}1 \cdot K_{20} \cdot A/A \cdot h.$$

Die Ladezeit kann je nach Verfahren bis zu 14 Stunden betragen.

Schnellladung

Mit der Schnellladung lassen sich entladene intakte Batterien in kurzer Zeit ohne Schaden auf ca. 80 % ihrer Nennkapazität aufladen und damit startbereit und fahrzeugtauglich machen. Unterhalb der Gasungsspannung ist ein hoher Ladestrom – z. B. in der Höhe des Zahlenwertes der Nennkapazität (relativer Ladestrom $I_1 = K_{20} \cdot A/A \cdot h$) – problemlos möglich. Bei Erreichen der Gasungsspannung ist die Schnellladung jedoch zu beenden oder auf Normalladung umzuschalten.

Die Gasungsspannung hängt von der Bauart, vom Alter der Batterie und von der Säuretemperatur ab. Überschreitet die Ladespannung während der Ladung diesen Wert, beginnt die Batterie zu gasen. Dies führt zu Wasserverlust in der Batterie

2 Ladekennlinien

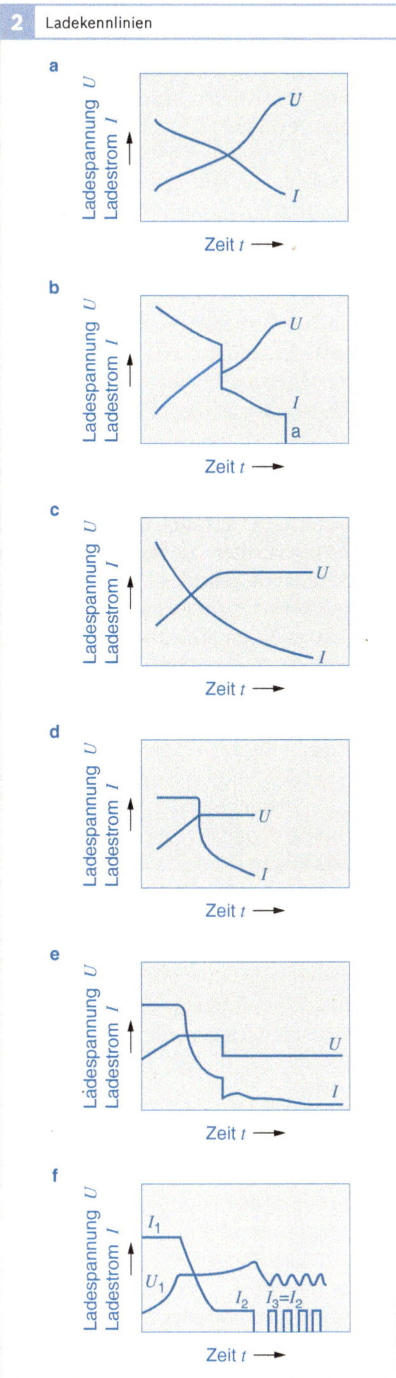

Bild 2
- a W-Ladekennlinie (Normalladung)
- b WoWa-Ladekennlinie
- c WU-Ladekennlinie
- d IU-Ladekennlinie (Schnellladung)
- e IUoU-Ladekennlinie
- f $I_1U_1I_2aI_3aI_3$...-Ladekennlinie

und zur Entstehung von Knallgas. Geregelte Ladegeräte begrenzen deshalb die Ladung auf typisch 14,4 V (2,4 V/Zelle) bei kalter Batterie und auf 13,8 V (2,3 V/Zelle) bei warmer Batterie.

Dauerladung
Um die Selbstentladungsverluste bei gelagerten Batterien auszugleichen (z. B. Überwintern von Wohnwagen- oder Wohnmobilbatterien), wird die Batterie über einen längeren Zeitraum an ein Ladegerät (mit Strombegrenzung auf 1 mA/A · h) angeschlossen.

Pufferbetrieb
Beim Pufferbetrieb sind Ladegerät und Verbraucher mit der Batterie verbunden. Das bedeutet, dass während des Ladevorgangs gleichzeitig durch Verbraucher Energie aus der Batterie entnommen wird. Die Elektronik des Ladegeräts verhindert dabei ein Überladen der Batterie.

Ladekennlinien

Das Laden kann mit verschiedenen Methoden erfolgen, für die bestimmte Ladekennlinien charakteristisch sind (DIN 41 772):

W	Widerstand konstant (Ladestrom sinkt, wenn die Ladespannung steigt).
U	Ladespannung konstant.
I	Ladestrom konstant.
a	Automatisch abschalten.
e	Automatisch neu einschalten.
o	Automatisch auf andere Kennlinie umschalten.

Dabei sind auch Kombinationen aus verschiedenen Kennlinien möglich, wie z. B.:

WU	Wie W-Kennlinie, jedoch bleibt Ladespannung ab einem bestimmten Wert konstant (z. B. knapp unterhalb der Gasungsspannung).
IU	Konstanter Ladestrom bis zu einem Wert, ab dem die Spannung konstant ist und der Ladestrom fällt.
WoW	Umschaltung von einer W-Kennlinie auf ein andere.

Bei der W-Ladekennlinie (Bild 2a) wird der Ladestrom bestimmt durch den Ladekreiswiderstand und die treibende Spannungsdifferenz gemäß dem Ohm'schen Gesetz ($I = \Delta U/R$). Da die Ladespannung bei der Ladung langsam ansteigt, wird die treibende Spannungsdifferenz kleiner und damit auch der Ladestrom.

Die W-Ladekennlinie ist am einfachsten zu realisieren, d. h., sie führt zu billigen Ladegeräten. Nachteilig ist jedoch das unkontrollierte Ladeende und die lange Ladezeit bis zur Vollladung. Der Ladestrom sinkt bereits lange bevor die Gasungsspannung erreicht ist.

Beide Nachteile vermeidet die IU-Ladekennlinie (Bild 2d). Ein konstant hoher Ladestrom I wird gehalten, bis die Lade-Endspannung U erreicht ist. Mit dieser Methode wird ein hoher Füllgrad in kurzer Zeit erreicht und eine Überladung verhindert.

Mit der IUoU-Ladekennlinie (Bild 2e) wird nach Erreichen der Lade-Endspannung U (2,3...2,4 V pro Zelle) dauerhaft auf eine niedrigere Spannung (2,23 V pro Zelle) umgeschaltet (Erhaltungsladung).

Eine Überladung der Batterie wird auch mit Geräten verhindert, deren Ladespannung begrenzt ist (WU-Kennlinie, Bild 2c) oder die beim Erreichen einer Grenzspannung selbsttätig auf schwächere W-Ladekennlinien umschalten (Bild 2b) oder die Ladung vollständig beenden (Wa-Kennlinie).

Die $I_1U_1I_2aI_3aI_3$...-Ladekennlinie (Bild 2f) beginnt wie die IU-Ladung. Sobald der Ladestrom in der U-Phase einen Grenzwert unterschreitet, wird auf Nachladen mit I_2 umgeschaltet. Dies ist zeitbegrenzt und auch spannungsmäßig begrenzt. Batterien mit festgelegter Batteriesäure (Vlies- oder Gel-Technologie) werden wirklich vollgeladen und übliche Starterbatterien mit freier Batteriesäure („nasse" Batterien) erleben eine definierte Gasungsphase mit Säuredurchmischung. Die abschließende Erhaltungsladung (I_3aI_3a...) lädt mit ca. 1A/100 A·h bis zu einer oberen Grenzspannung und schaltet dann ab. Sobald die Batteriespannung durch Selbstentladung eine untere Grenzspannung erreicht hat, startet der Nachladestrom I_3 erneut.

Sicherheitsanforderungen
Um Unfallrisiken zu vermeiden, muss das Ladegerät eine sichere Potenzialtrennung zwischen dem 230-V-Netz und den berührbaren Ladeklemmen aufweisen. Ein zusätzlicher Verpolungsschutz verhindert den Kurzschluss der Batterie und die Zerstörung des Batterieladegeräts bei falsch angeschlossenen Batterieklemmen.

Batterietester
Mit Batterietestern lässt sich der Zustand von Starterbatterien auch im eingebauten Zustand überprüfen. Sie messen und bewerten hauptsächlich die Hochstromfähigkeit der Batterie. Der Batterietester BAT121 von Bosch ermöglicht zudem den Ausdruck des Testergebnisses über den eingebautem Thermodrucker.

Der Batterietester wird über Kabel an die Batterie angeschlossen. Der Kälteprüfstrom der Batterie wird am Tester eingestellt, dann kann der Test gestartet werden. Die Digitalanzeige gibt am Ende des Tests folgende Informationen aus:

- die verfügbare Startleistung in Prozent des Eingabewerts,
- die Batteriespannung,
- die Bewertung „Gut" oder „Ersetzen",
- eine Ladeempfehlung, falls ein tiefer Ladezustand festgestellt wurde.

Ladegeräte
Hochempfindliche elektronische Komponenten (z. B. Airbag, Autotelefon, Autoradio und elektronische Steuergeräte) müssen beim Laden der Batterie vor Spannungsspitzen geschützt werden. Dafür musste früher die Batterie vom Bordnetz abgeklemmt werden. Bei Verwendung moderner elektronischer Ladegeräte hingegen kann die Batterie bei angeschlossenen Stromverbrauchern geladen werden

(Pufferbetrieb). Das bedeutet erheblich mehr Sicherheit und mehr Komfort für den Werkstatt-Service:

- der aufwändige Batterieausbau bzw. das Abklemmen der Batterie entfällt,
- Gespeicherte Daten von Autoradio, elektronischen Steuergeräten, Telefon, Bordcomputer u. ä. bleiben erhalten,
- elektrische Verbraucher (Airbag, Steuergeräte u. ä.) werden geschützt,
- keine Schäden durch Fehlbedienung.

Elektroniklader

Elektroniklader von Bosch liefern eine Ausgangsspannung, die frei von schädlichen Spannungsspitzen ist. Damit lassen sich Batterien im eingebauten Zustand laden. Die Geräte sind überladungssicher, überstromfest und haben einen Verpolschutz.

Der Elektroniklader BML2415 lädt die Batterie mit einer WU-Ladekennlinie. Der Ladestrom ist stufenlos einstellbar. Der Lader ist für Dauerladung und Pufferbetrieb geeignet. Tiefentladene Batterien werden schonend angeladen und mit höheren Strömen weitergeladen.

Der Elektroniklader BAT415 ist sowohl zum Laden von herkömmlichen Batterien als auch zum Laden von Batterien mit festgelegtem Elektrolyt (Gel-Batterie oder Vlies-Batterie) geeignet. Dies wird ermöglicht durch die mikroprozessorgesteuerte $I_1U_1I_2aI_3aI_3$...-Ladekennlinie. Durch Eingabe der Batteriekapazität in A·h werden die Ströme I_1, I_2 und I_3 der Batterie optimal angepasst.

Schnellstartlader

Der Schnellstartlader BSL2470 hat genügend Leistungsreserven, um ein rasches Laden von 12-V- und 24-V-Batterien sowie netzgespeiste Starthilfe zu ermöglichen. Elektrische Komponenten im Bordnetz werden beim Laden und Starten vor Beschädigung geschützt. Der Ladestrom ist stufenlos einstellbar, auch tiefentladene Batterien können geladen werden.

Der Schnellstartlader BSL2470 lädt mit der WU-, der SL24100E mit der WoWa-Ladekennlinie.

3 Batterieservicegeräte von Bosch

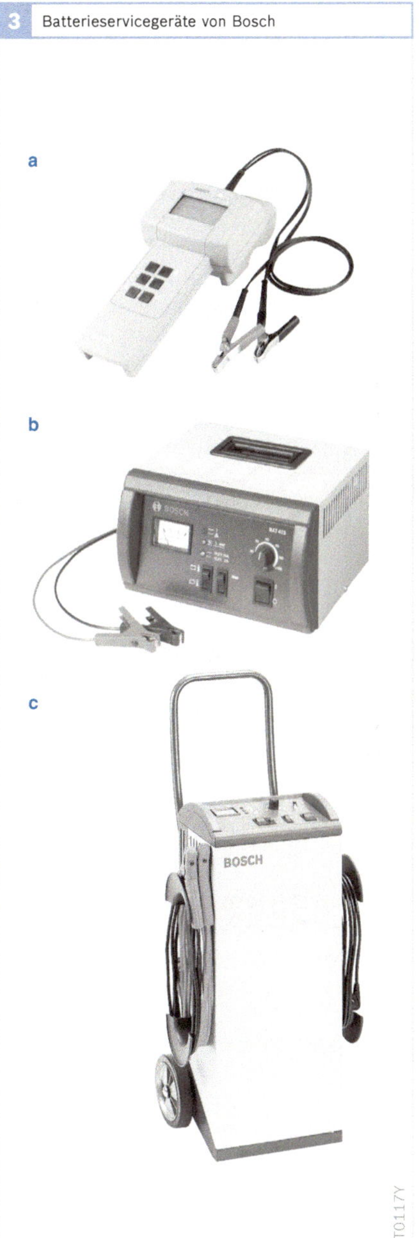

Bild 3
a Batterietester BAT121
b Elektroniklader BAT415
c Schnellstartlader BSL2470

Achtung! Starthilfe ist nur bei Fahrzeugen zulässig, bei denen dies nicht vom Hersteller in der Bedienungsanleitung eingeschränkt oder untersagt wird.

Starthilfe mit Starthilfekabel

Starthilfe können auch Fremdfahrzeuge geben. Dieses Verfahren darf nur bei beiderseits eingebauter Batterie und unter Beachtung der Herstellervorschriften angewendet werden. Um wirksame Starthilfe zu geben, sollten nur genormte Starthilfekabel (DIN 72 553) mit einem Leiterquerschnitt von mindestens 16 mm^2 bei Otto- und 25 mm^2 bei Dieselmotoren verwendet werden. Beide Batterien (bzw. Ladegerät) müssen die gleiche Nennspannung haben. Folgende Arbeitsschritte sind notwendig:

- Ursache der Batterieschwäche ermitteln. Bei Bordnetzfehlern keine Starthilfe geben, da die Batterie und der Generator (bzw. das Ladegerät) des Starthilfegebers beschädigt werden könnten.
- Pluspol der entladenen Batterie an den Pluspol der Fremdstromquelle anschließen.
- Minuspol der Fremdstromquelle mit einer von der Batterie entfernt liegenden, metallisch blanken Stelle (z. B. Masseband am Motor) des nicht fahrbereiten Fahrzeugs verbinden.
- Kontaktstellen der Starthilfekabel auf festen Sitz (guter Kontakt) prüfen.
- Starten des Fahrzeugs mit der intakten Batterie. Nach kurzer Pause das nicht fahrbereite Fahrzeug starten.
- Nach erfolgter Starthilfe die angeklemmten Kabel in umgekehrter Reihenfolge wieder trennen.

Störungen

Batteriefehler

Funktionsstörungen, deren Ursache Schäden im Innern der Batterie sind (z. B. Kurzschlüsse durch Separatorenverschleiß oder ausgefallene aktive Masse, Unterbrechung von Zellen- und Plattenverbindern), lassen sich nicht durch eine Reparatur, sondern lediglich durch Ersatz der Batterie beseitigen. Ein Zellenkurzschluss ist erkennbar an der um ca. 2 V zu niedrigen Batteriespannung. Bei Unterbrechung der Zellenverbinder kann die Batterie häufig noch mit kleinen Strömen entladen und auch geladen werden; beim Start jedoch bricht auch bei vollem Ladezustand die Spannung sofort zusammen.

Bordnetzfehler

Wenn kein Batteriedefekt feststellbar ist, die Batterie dennoch dauernd überladen wird (hoher Wasserverbrauch, ständig über 14,5 V liegende Batteriespannung bei Motorlauf) oder tief entladen ist (keine Startleistung, niedrige Säuredichte in allen Zellen, Batteriespannung unter ca. 12,3 V, ständig unter ca. 13,9 V liegende Batteriespannung bei Motorlauf), liegt ein Fehler im Bordnetz vor. Ursachen für Fehler können Defekte bzw. Störungen an folgenden Komponenten sein:

- Generator (dauernde Tiefentladung, kein Starten mehr möglich),
- Keilriemen (fehlender Generatorantrieb),
- Regler (Schwankung der Lichthelligkeit beim Gasgeben, Wasserverlust),
- Abschaltrelais (Verbraucher bleiben nach dem Abstellen eingeschaltet),
- Zubehör (z. B. Radio, Uhr, Alarmanlage) benötigt zu großen Ruhestrom.

Eine Überprüfung der Generatorspannung kann in vielen Fällen sinnvoll sein, wenn eine Batterie häufig einen niedrigen Ladezustand aufweist.

Sulfatierung

Lässt man eine Batterie längere Zeit in entladenem Zustand stehen, kann sich unter ungünstigen Umständen das bei der Entladung entstandene fein kristalline Bleisulfat in grob kristallines umwandeln. Das lässt sich nur noch schwer oder überhaupt nicht mehr zurückbilden. Die Batterie wird dann als „sulfatiert" bezeichnet.

Sulfatierung ist eine der Folgeerscheinungen von nachlässiger Pflege. Sie bewirkt eine Erhöhung des inneren Widerstandes und erschwert die chemischen Umsetzungen und damit auch den Ladevorgang.

Beim Laden einer sulfatierten Batterie mit einem Ladegerät mit W-Kennlinie erwärmt sich diese sehr stark. Die Ladespannung steigt nach Beginn der Ladung steil an. Ist der Grad der Sulfatierung gering, so wird das Bleisulfat langsam umgewandelt, wobei die Ladespannung stetig fällt. Sobald das Bleisulfat regeneriert ist, erhöht sich die Spannung wieder wie beim Laden einer nicht sulfatierten Batterie (Bild 4).

Fehlerermittlung

Das Versagen einer Starterbatterie kann durch ungenügende Aufladung, aber auch durch Defekte in der Batterie verursacht sein. Bei Ladezuständen unter 50 % ist bei sehr tiefen Temperaturen (-20 °C) die Startfähigkeit nicht mehr gegeben. Der aktuelle Ladezustand einer Batterie kann über die Säuredichte, aber auch durch Messung der Ruhespannung ermittelt werden. Damit kann schon recht gut zwischen einer schlecht geladenen und einer defekten, aber gut geladenen Batterie unterschieden werden. 50 % Ladezustand ist in etwa gleichbedeutend mit 12,3 V Ruhespannung. Hoher Wasserverlust sowie ein unmittelbar vor dem Test erfolgtes Laden

4 Verlauf von Ladestrom und Ladespannung beim Laden sulfatierter Batterien

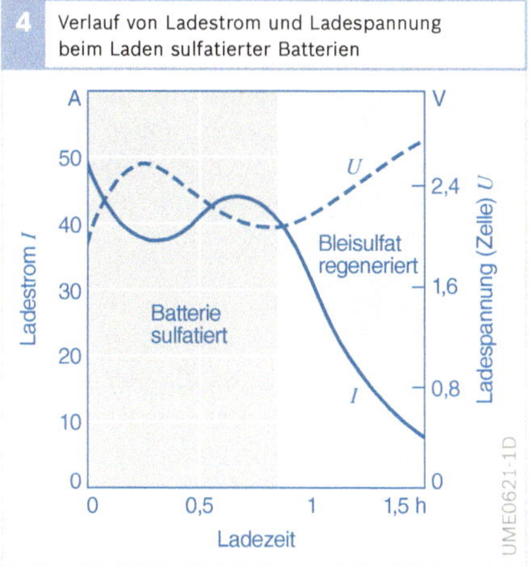

verfälschen das Ergebnis nach oben. Die das Ergebnis verfälschende Ladung an den Oberflächen der Platten kann durch eine kurze Entladung in der Größenordnung von 5 % der Nennkapazität abgebaut werden.

Sicherheitshinweise

Kurzschlüsse (z. B. mit dem Werkzeug) können Funken erzeugen und Verbrennungen verursachen. Deshalb ist vor Beginn von Arbeiten an der elektrischen Anlage oder in der Nähe der Batterie – nachdem alle Verbraucher abgeschaltet sind – das Massekabel zu lösen. Besondere Vorsicht ist beim An- und Abklemmen eines Lade- oder Starthilfekabels geboten, um einen Kurzschluss zu vermeiden. Es sollen folgende, die Sicherheit betreffende Grundsätze beim Arbeiten mit Batterien eingehalten werden:

- Beim Umgang mit Schwefelsäure bzw. beim Nachfüllen von Wasser bei nicht wartungsfreien Batterien vorsorglich Schutzbrille und Gummihandschuhe tragen.
- Säure nicht über Max-Marke einfüllen.
- Batterie nicht stark und lang anhaltend kippen.
- Wegen der Gefahr einer Knallgasverpuffung beim Laden sowohl offenes Feuer und Rauchen als auch Funkenbildung vermeiden (An- und Abklemmen in festgelegter Reihenfolge bei abgeschaltetem Ladegerät).
- Batterieladeräume gut belüften.

Generatoren

Kraftfahrzeuge besitzen zur Energieversorgung der elektrischen Verbraucher wie Starter, Zünd- und Einspritzanlage, Steuergeräte usw. einen Generator zur Stromerzeugung. Erzeugt der Generator mehr Strom, als die Verbraucher benötigen, so lädt er die Batterie. Generatorleistung, Batteriekapazität und der Leistungsbedarf der elektrischen Verbraucher müssen aufeinander abgestimmt sein, um sicherzustellen, dass bei allen Betriebsbedingungen genügend Strom an das Bordnetz geliefert wird und die Batterie immer ausreichend geladen ist.

Elektrische Energieerzeugung im Fahrzeug

Drehstromgeneratoren

Die Verfügbarkeit kostengünstiger Leistungsdioden (seit etwa 1963) war die Voraussetzung für die Serieneinführung von Drehstromgeneratoren bei Bosch. Durch seine höhere Ausnutzung (erzeugbare Energie pro Masse), seinen höheren Wirkungsgrad und durch seinen wesentlich größeren Drehzahlbereich im Vergleich zum Gleichstromgenerator ist der Drehstrom-Synchrongenerator in der Lage, bereits bei Leerlauf des Verbrennungsmotors Leistung abzugeben und den wachsenden Leistungsbedarf im Kraftfahrzeug zu decken. Der Drehstromgenerator gibt schon bei der Leerlaufdrehzahl des Motors mindestens ein Drittel seiner Nennleistung ab. Da Batterie und elektrische Verbraucher mit Gleichstrom versorgt werden müssen, wird die vom Drehstromgenerator erzeugte Wechselspannung gleichgerichtet.

Durch die Möglichkeit, die Generatordrehzahl durch eine Übersetzung an die Motordrehzahl anzupassen, kann die Batterie selbst bei ungünstigen Bedingungen (hoher Anteil an Leerlaufphasen, niedrige Außentemperaturen) in einem guten Ladezustand gehalten werden.

Um Batterie und Verbraucher mit einer konstanten Spannung versorgen zu können, ist der Generator mit einem Spannungsregler ausgestattet.

Drehstromgeneratoren sind für Ladespannungen von 14 V (für Pkw) und 28 V (für Nkw mit 24 V-Bordnetz) ausgelegt.

Einflussgrößen

Drehzahl

Die Ausnutzung eines Generators (erzeugbare Energie pro kg Masse) nimmt mit steigender Drehzahl zu. Daher ist ein möglichst hohes Übersetzungsverhältnis zwischen Kurbelwelle des Motors und Generator anzustreben. Zu beachten ist jedoch, dass bei maximaler Motordrehzahl die zulässige Maximaldrehzahl des Generators nicht überschritten wird. Typische Werte für das Übersetzungsverhältnis liegen im Pkw-Bereich zwischen 1:2,2 und 1:3, im Nkw-Bereich bis 1:5.

Temperatur

Die Verluste bei der Umwandlung von mechanischer in elektrische Energie führen zum Aufheizen der Komponenten des Generators. Frischluftzufuhr oder Flüssigkeitskühlung sind geeignete Maßnahmen zur Senkung der Bauteiletemperatur.

Schwingungen

Je nach Anbaubedingungen und Vibrations-Charakteristik des Motors kann der Generator Schwingbeschleunigungen von 500...800 m/s^2 ausgesetzt sein. Hierdurch werden die Befestigungen und die Komponenten des Generators mit hohen Kräften beansprucht. Kritische Eigenfrequenzen im Generatoraufbau sind unbedingt zu vermeiden.

Weitere Einflüsse

Zusätzlich ist der Generator Spritzwasser, Schmutz, Öl- und Kraftstoffnebel und ggf. Streusalz ausgesetzt. Der Generator ist entsprechend vor Korrosion zu schützen, damit sich keine Kriechwege zwischen spannungsführenden Teilen bilden können.

Anforderungen

Wesentliche Anforderungen an den Fahrzeuggenerator sind:

- Versorgung aller angeschlossenen Verbraucher mit Gleichspannung,
- Leistungsreserven zum schnellen Auf- bzw. Nachladen der Batterie, selbst bei eingeschalteten Dauerverbrauchern,
- Konstanthalten der Generatorspannung über den gesamten Drehzahlbereich des Fahrzeugmotors, unabhängig vom Lastzustand des Generators,
- robuster Aufbau, der allen äußeren Beanspruchungen standhält, z. B. Schwingungen, hohen Umgebungstemperaturen, Temperaturwechseln, Verschmutzung, Feuchtigkeit,
- hohe Gebrauchsdauer, die der des Fahrzeugmotors vergleichbar ist,
- geringes Gewicht,
- einbaugünstige Abmessungen,
- geringes Betriebsgeräusch,
- hoher Wirkungsgrad.

Funktionsweise des Generators

Elektromagnetische Induktion

Bewegt sich ein elektrischer Leiter relativ zu den Feldlinien eines Magnetfeldes, so wird in dem Leiter eine elektrische Spannung induziert. Entsprechend dem Induktionsgesetz ist die induzierte Spannung U_{ind} umso größer, je größer die Geschwindigkeit v der Bewegung senkrecht zu den Feldlinien ist und je höher der magnetische Fluss B ist, der den Leiterquerschnitt durchsetzt:

$$U_{ind} \sim |\vec{v} \times \vec{B}|$$

Zur Erzeugung eines Wechselstroms wird eine Leiterschleife zwischen Nord- und Südpol eines Dauermagneten gedreht. Bei einer gleichförmigen Drehung der Leiterschleife ist der Verlauf der induzierten Spannung sinusförmig. Die induzierte Spannung kann an den Enden der Leiterschleife über Schleifringe und Kohlebürsten abgenommen werden. Bei geschlossenem Stromkreis fließt ein Wechselstrom (Bild 1).

1 Induzierte Einphasen-Wechselspannung

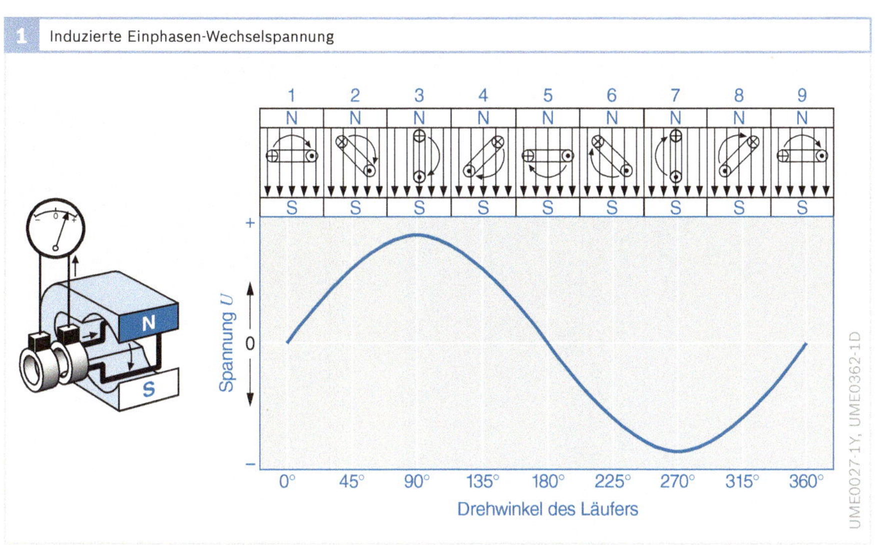

Bild 1
Spannungsverlauf bei einer sich im Magnetfeld drehenden Windung während einer Umdrehung.
Die Stellung des Läufers entspricht Position 3.

Erregermagnetfeld

Das Magnetfeld zur Erzeugung der induzierten Spannung (Erregermagnetfeld) kann durch Permanentmagnete erzeugt werden. Diese haben den Vorteil, dass sie durch ihre einfache Ausführung keinen großen technischen Aufwand erfordern. Bei kleinen Generatoren (z. B. Fahrraddynamos) wird diese Lösung angewandt.

Wesentlich höhere und zugleich regelbare Ströme können erzeugt werden, wenn das Erregermagnetfeld durch Elektromagnete aufgebaut wird. Der Elektromagnet besteht i. W. aus einer Wicklung (Erregerwicklung), die von einem Erregerstrom durchflossen wird; die Anzahl ihrer Windungen bestimmt zusammen mit der Höhe des Erregerstroms die magnetische Feldstärke. Das Magnetfeld kann mithilfe eines magnetisierbaren Eisenkerns im Elektromagneten verstärkt werden.

Durch Änderung des Erregerstroms kann das Magnetfeld und damit auch die Größe der induzierten Spannung geregelt werden.

Liefert eine äußere Energiequelle (z. B. eine Batterie) den Erregerstrom, so liegt eine Fremderregung vor. Von Selbsterregung spricht man, wenn der Erregerstrom von dem erzeugten Generatorstrom abgezweigt wird.

Drehstromgenerator

Wesentliche Bauteile eines Generators sind der feststehende Stator (Ständer; Bild 2, Pos. 4) und der im Stator rotierende Läufer oder Rotor (5). Die bisherigen Betrachtungen beziehen sich auf einen Generator mit ruhendem Erregermagnetfeld und rotierender Ankerwicklung, in der der Laststrom erzeugt wird. Im Gegensatz dazu liegt bei Drehstromgeneratoren für Kraftfahrzeuge das Wicklungssystem im feststehenden Ständer (deshalb „Ständerwicklung“). Auf dem sich drehenden Teil, dem Läufer, befinden sich die Magnetpole

2 Schnittbild eines Compact-Generators (Beispiel)

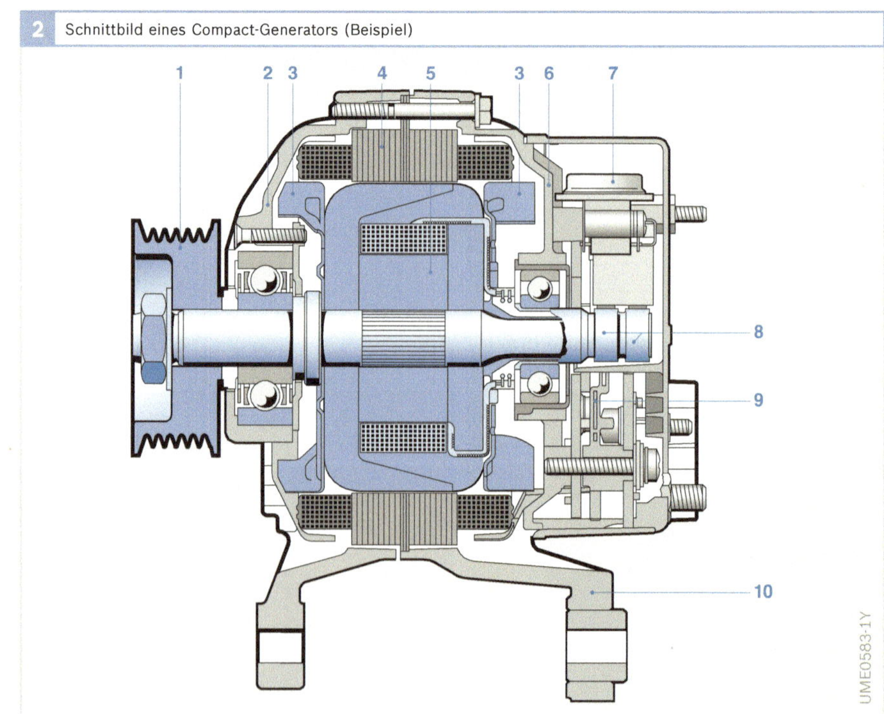

Bild 2
1 Riemenscheibe
2 Antriebslagerschild
3 innen liegender Lüfter
4 Ständer
5 Läufer
6 Schleifringlagerschild
7 elektronischer Feldregler mit Bürstenhalter
8 Schleifringe
9 Gleichrichter
10 Schwenkarm

mit der Erregerwicklung. Sobald ein Erregerstrom durch diese Wicklung fließt, entsteht das Magnetfeld des Läufers.

Beim Drehstromgenerator sind im Anker drei gleiche Wicklungen vorhanden, die räumlich zueinander um 120° versetzt angeordnet sind. Die Wicklungsanfänge werden üblicherweise mit u, v, w und die Wicklungsenden mit x, y, z bezeichnet. Wegen der räumlichen Versetzung der Wicklungen um 120° sind die in ihnen erzeugten sinusförmigen Wechselspannungen ebenfalls um 120° zueinander phasenverschoben (zeitlich versetzt). Der daraus resultierende dreiphasige Wechselstrom wird Drehstrom genannt.

Bei nicht verbundenen Wicklungen wären sechs elektrische Anschlüsse für die Ständerwicklung erforderlich (Bild 3a). Durch Verkettung der drei Wicklungen in einer Sternschaltung (Bild 3b) oder in einer Dreieckschaltung (Bild 3c) wird die Anzahl der Stromleitungen auf drei reduziert.

Bei der Sternschaltung sind die Enden der drei Wicklungsstränge in einem Punkt, dem Sternpunkt, zusammengefasst. Ohne Sternpunktleiter ist die Summe der drei Ströme zum Sternpunkt hin in jedem Augenblick null.

Gleichrichten der Wechselspannung

Die vom Generator erzeugte Wechselspannung muss gleichgerichtet werden, da die Versorgung der Batterie und der Elektronik im Kfz-Bordnetz Gleichstrom erfordert.

Einweggleichrichtung

Eine Gleichrichterdiode lässt den elektrischen Strom nur in einer Richtung passieren, in der Gegenrichtung sperrt sie. Dadurch werden jeweils die negativen Halbwellen der induzierten Spannung unterdrückt und nur die positiven Halbwellen durchgelassen, sodass eine lückende Gleichspannung entsteht (Bild 4a).

Doppelweggleichrichtung

Um sowohl die positiven als auch die negativen Halbwellen für die Stromerzeugung auszunutzen, wird die Doppelweggleichrichtung eingesetzt (Bild 4b). Sie wird auch als Voll- oder Zweiweg-Gleichrichtung bezeichnet. Durch die gegensinnig gepolten Dioden an jedem der beiden Ständeranschlüsse (3) hat der Wechselstrom sowohl während der positiven als auch während der negativen Halbwelle jeweils eine leitende Diode zur Verfügung. Die Brückenschaltung mit vier Dioden richtet die Wechselspannung in eine pulsierende Gleichspannung (ohne Lücken) um.

3 Schaltungsarten der drei Wicklungen

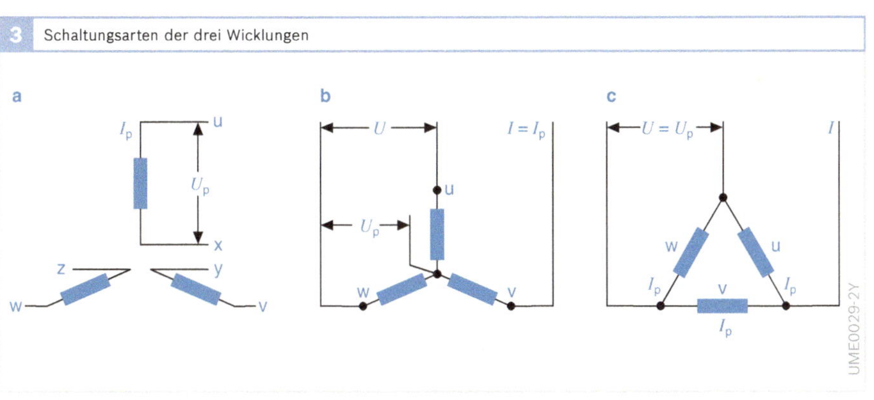

Bild 3
- a nicht verbundene Wicklungen
- b Sternschaltung; Generatorspannung U und Phasenspannung U_p (Teilspannung) unterscheiden sich um den Faktor $\sqrt{3} = 1{,}73$. Der Generatorstrom I ist gleich dem Phasenstrom I_p. $U = \sqrt{3} \cdot U_p$; $I = I_p$
- c Dreieckschaltung; Generatorspannung U ist gleich der Phasenspannung U_p. Der Generatorstrom I und der Phasenstrom I_p unterscheiden sich um den Faktor $\sqrt{3} = 1{,}73$. $U = U_p$; $I = \sqrt{3} \cdot I_p$

Gleichrichtung einer Dreiphasen-Wechselspannung

Die in den drei Wicklungen des Drehstromgenerators erzeugten Wechselspannungen (Bild 5a) werden durch sechs Dioden in einer Drehstrom-Brückenschaltung gleichgerichtet. An jeden Strang sind zwei Leistungsdioden angeschlossen, eine Diode auf der Plusseite (Plusdiode an Klemme B+) und eine Diode auf der Minusseite (Minusdiode an Klemme B-). Die positiven Halbwellen werden von den Dioden an der Plusseite durchgelassen, die negativen Halbwellen von den Dioden an der Minusseite (Bild 5b).

Die Vollweggleichrichtung der drei Phasen mit der sogenannten B6-Brückenschaltung bewirkt die Addition der positiven und negativen Hüllkurven dieser Halbwellen zu einer gleichgerichteten, leicht gewellten Generatorspannung (Bild 5c).

Der Gleichstrom, den der Generator bei elektrischer Belastung über die Klemmen B+ und B- an das Bordnetz abgibt, ist nicht glatt, sondern leicht gewellt. Diese Welligkeit wird durch die zum Generator parallel liegende Batterie und ggf. durch im Bordnetz vorhandene Kondensatoren weiter geglättet.

Rückstromsperre

Die Gleichrichterdioden im Generator dienen nicht nur der Gleichrichtung von Generatorspannung und Erregerspannung, sondern verhindern ein Entladen der Batterie über die Dreiphasenwicklung im Ständer.

4 Gleichrichterschaltungen

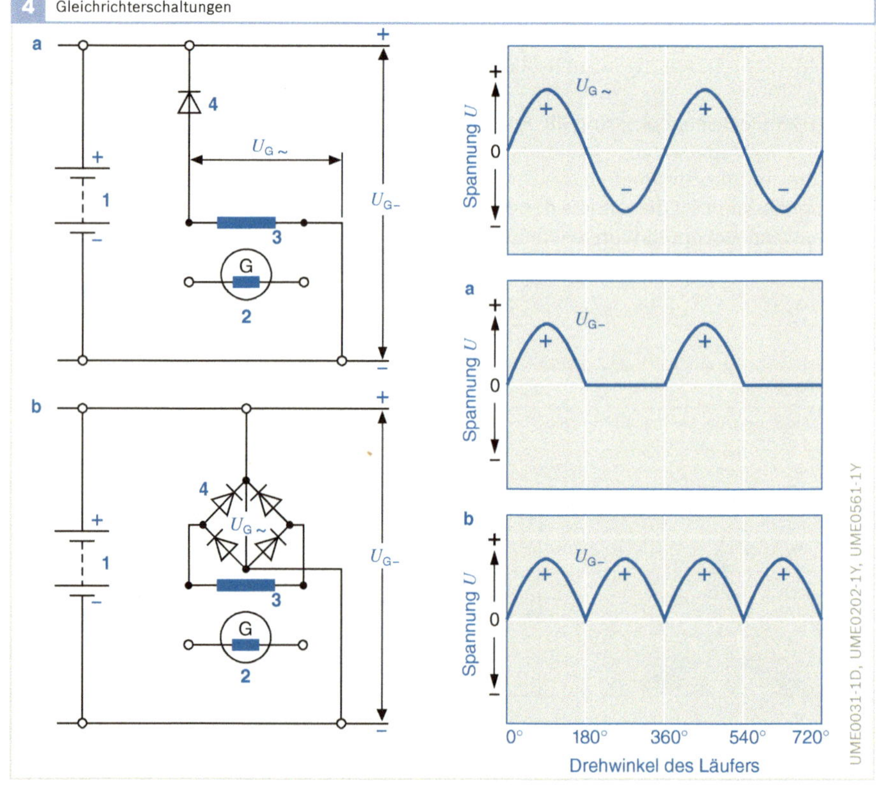

Bild 4

- a Einweggleichrichtung
- b Doppelweggleichrichtung
- $U_{G\sim}$ Wechselspannung vor den Dioden
- U_{G-} pulsierende Gleichspannung hinter den Dioden

1. Batterie
2. Erregerwicklung (G)
3. Ständerwicklung
4. Gleichrichterdioden

Steht der Motor oder wird er mit einer so kleinen Drehzahl (z. B. Startdrehzahl) betrieben, dass der Generator noch nicht selbsterregt ist, würde ohne Dioden ein Batteriestrom durch die Ständerwicklung fließen. Die Dioden sind in Bezug auf die Batteriespannung in Sperrrichtung gepolt, sodass kein Batterieentladestrom fließen kann. Der Strom kann nur vom Generator zur Batterie fließen.

Gleichrichterdioden

Die eingesetzten Plus- und Minusdioden stimmen in ihrer Funktion völlig überein. Das gerändelte Metallgehäuse der Plusdioden ist als Katode ausgeführt, das der Minusdiode als Anode. Die Plusdioden sind in den Pluskühlkörper eingepresst, der mit dem Batterieanschluss B+ leitend verbunden ist. Das in den Minuskühlkörper eingepresste Metallgehäuse der Minusdiode ist als Anode über den Kühlkörper elektrisch leitend mit der Masse verbunden (B-). Die Drahtanschlüsse der Dioden sind an die Enden der Ständerwicklung angeschlossen. Als Leistungsdioden werden heute überwiegend Zenerdioden (Z-Dioden) verwendet. Sie begrenzen auch die im Generator bei extremen Laständerungen auftretenden Spannungsspitzen (Load-Dump-Schutz).

Drehstromgeneratoren haben üblicherweise keinen Verpolungsschutz. Eine Verpolung der Batterie (z. B. Verwechseln der Batteriepole bei Starthilfe mit Fremdbatterie) führt zur Zerstörung der Dioden im Generator und gefährdet die Halbleiterbauelemente anderer Geräte.

5 Drehstrom-Brückenschaltung

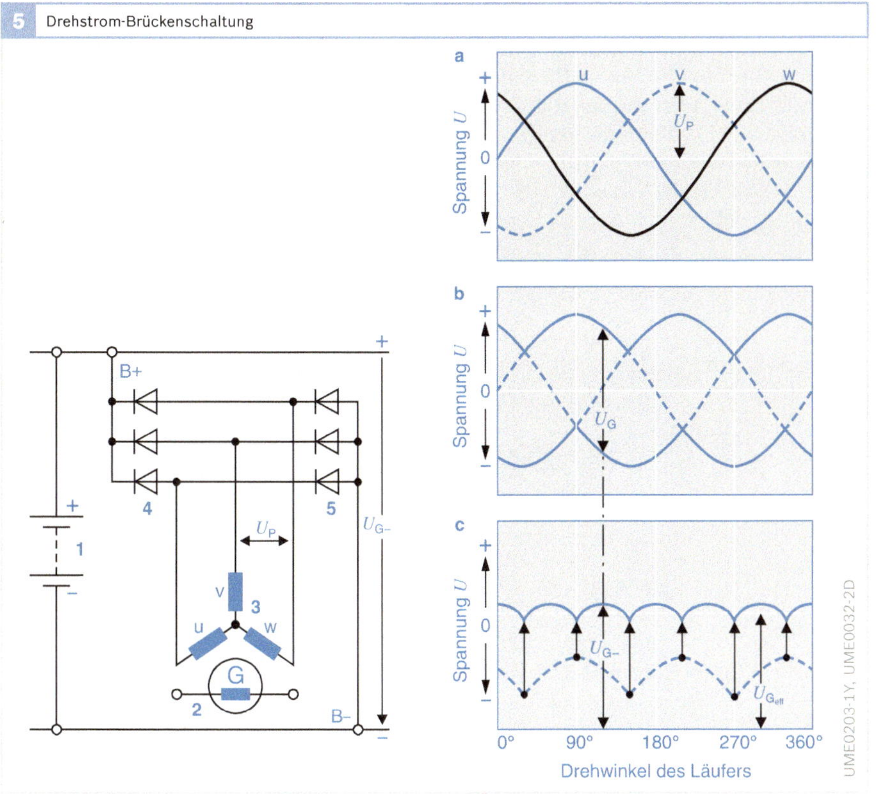

Bild 5
- a Dreiphasen-Wechselspannung
- b Generatorspannung, durch die Hüllkurven der positiven und negativen Halbwellen gebildet
- c gleichgerichtete Generatorspannung
- U_P Phasenspannung
- U_G Spannung am Gleichrichter (Minus nicht an Masse)
- U_{G-} Generator-Gleichspannung (Minus an Masse)
- U_{Geff} Effektivwert der Gleichspannung

1. Batterie
2. Erregerwicklung
3. Ständerwicklung
4. Plusdioden
5. Minusdioden

Stromkreise des Drehstromgenerators

Drehstromgeneratoren haben in der Standardausführung drei Stromkreise:

- Vorerregerstromkreis (Fremderregung durch Batteriestrom),
- Erregerstromkreis (Selbsterregung),
- Generator- oder Hauptstromkreis.

Vorerregerstromkreis für Generatoren mit Erregerdioden

Bevor die Selbsterregung des Generators einsetzen kann, muss im Ständer eine Spannung induziert werden, die den Erregerstrom treiben kann. Der Läufer hat zwar auch im unbestromten Zustand einen geringen Rest-Magnetismus (Remanenz), dieser reicht jedoch nicht für einen selbsterregten Betrieb aus. Daher muss der Generator zu Beginn des Betriebs fremderregt werden. Dies geschieht über den Vorerregerstromkreis, der aus der Batterie gespeist wird.

Nach dem Einschalten des Zünd- bzw. Fahrtschalters (Bild 6, Pos. 4) fließt der Batteriestrom I_B über die Generatorkontrolllampe (3), durch die Erregerwicklung im Läufer (1d) und über den Regler (2) zur Masse. Dieser Batteriestrom bewirkt im Läufer die Vorerregung des Generators.

Die Selbsterregung setzt ein, wenn die Generatorspannung größer ist als der Spannungsfall an den beiden Dioden, die sich im Erregerkreis befinden (jeweils eine leitende Erregerdiode sowie eine Leistungs-Minusdiode: 2 × 0,7 V = 1,4 V). Die Drehzahl, bei der die Selbsterregung einsetzt, heißt Angehdrehzahl. Sie liegt oberhalb der Null-Ampere-Drehzahl. Als Null-Ampere-Drehzahl wird die Drehzahl bezeichnet, bei der die induzierte Spannung des selbsterregten Generators genau so groß ist wie die Bordnetzspannung, so dass der Generatorstrom Null ist. Da die Ladekontrolllampe den Widerstand im Vorerregerkreis gegenüber dem im Erregerkreis (bei Selbsterregung) vergrößert, fließt im selbsterregten Betrieb ein größerer Erregerstrom, der (bei gleicher Drehzahl) eine höhere induzierte Spannung im Generatorständer hervorruft. Die Leistung der Ladekontrolllampe beeinflusst damit die Angehdrehzahl. Standard-Leistungen für die Generatorkontrolllampen sind 2 W für 12 V-Anlagen und 3 W für 24 V-Anlagen.

6 Vorerregerstromkreis

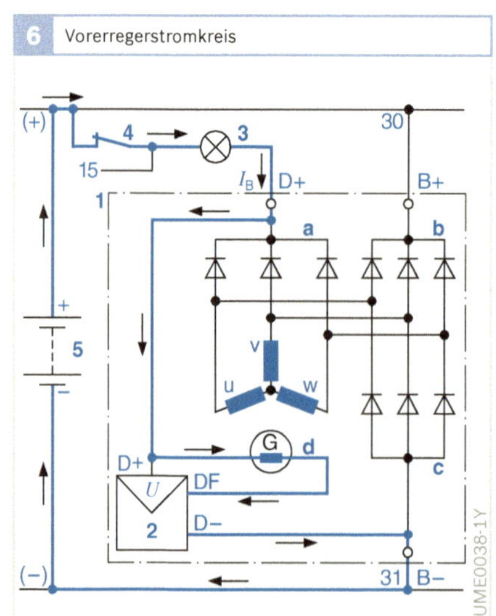

7 Erregerstromkreis mit Erregerdioden

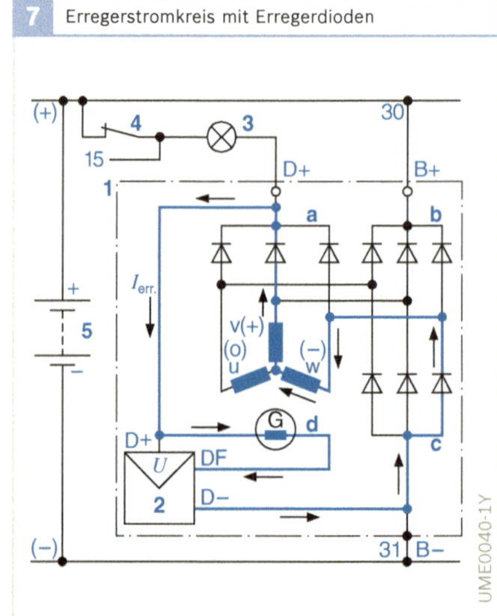

Bild 6 und Bild 7
1 Generator
1a Erregerdioden
1b Dioden in Plusplatte
1c Dioden in Minusplatte
1d Erregerwicklung
2 Regler
3 Generatorkontrolllampe
4 Zündschalter
5 Batterie

Vorerregung bei Generatoren mit Multifunktionsregler (Generatoren ohne Erregerdioden)

Wenn der Multifunktionsregler (s. Abschnitt „Spannungsregelung") über den Anschluss L die Information „Zündung ein" erhält, schaltet er den Vorerregerstrom mit dem fest eingestellten Tastverhältnis (ca. 20 %, „gesteuerte Vorerregung") ein. Sobald sich der Läufer dreht, erfasst der Regler ein Spannungssignal am Phasenanschluss V, aus dessen Frequenz er die Generatordrehzahl ableiten kann. Beim Erreichen der im Regler eingestellten Einschaltdrehzahl schaltet der Regler die Endstufe komplett durch (Tastverhältnis 100 %), so dass der Generator beginnt, Strom für das Bordnetz zu liefern.

Erregerstromkreis

Der Erregerstrom I_{err} hat die Aufgabe, während der gesamten Betriebszeit des Generators in der Erregerwicklung des Läufers ein Magnetfeld zu erzeugen und damit in den Wicklungen des Ständers die geforderte Generatorspannung zu induzieren. Da Drehstromgeneratoren selbsterregte Generatoren sind, wird der Erregerstrom von der Ständerwicklung abgezweigt.

Generatoren mit Multifunktionsregler (ohne Erregerdioden; s. Abschnitt „Spannungsregelung") beziehen den Erregerstrom direkt von der Klemme B+ (Bild 8). Der Erregerstrom fließt durch die Leistungs-Plus-Dioden über den Multifunktionsregler, die Kohlebürsten, Schleifringe und die Erregerwicklung zur Masse (B-).

Generatoren älterer Bauart haben noch drei Erregerdioden an der Klemme D+, die mit den drei Minusdioden an der Klemme B- eine B6-Brückenschaltung zur Gleichrichtung des Erregerstroms bilden (Bild 7). Der Erregerstrom fließt durch die Erregerdioden über die Kohlebürsten und Schleifringe, durch die Erregerwicklung zur Klemme DF des Reglers, von der Klemme D- des Reglers zur Masse (B-).

Von B- fließt der Erregerstrom in beiden Fällen durch die Leistungs-Minus-Dioden zur Ständerwicklung zurück.

Fehleranzeige

Erlischt die Generatorkontrolllampe auch bei höheren Drehzahlen nicht, dann liegt ein Schaden am Generator selbst, am Regler, an der Leitung oder am Keilriemen vor. Durch den Einbau eines zusätzlichen

8 Erregerstromkreis ohne Erregerdioden für Generator mit Multifunktionsregler

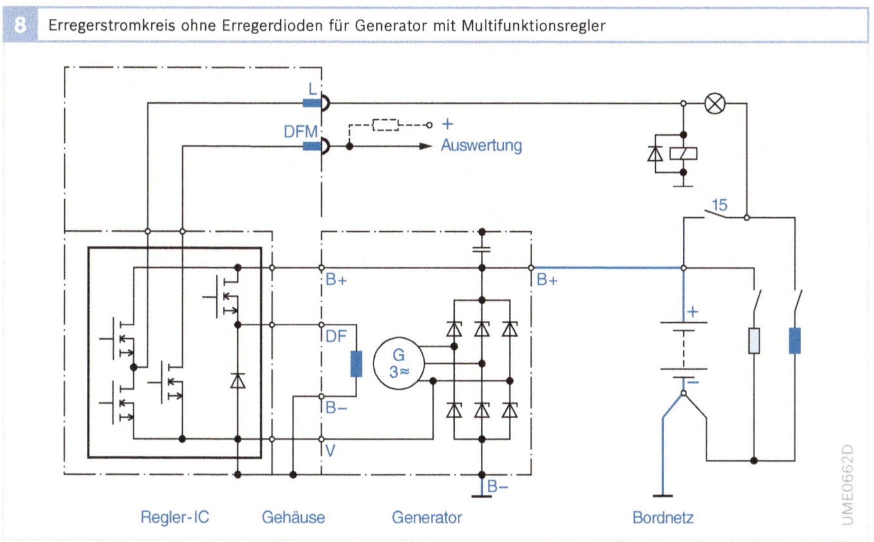

9 Fehleranzeige

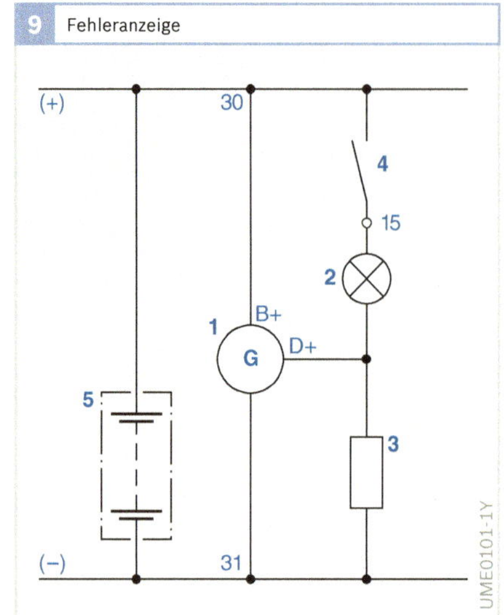

Bild 9
1 Generator
2 Generator-kontrolllampe
3 Widerstand
4 Zündschalter
5 Batterie

Widerstands (nur bei Generatoren mit Erregerdioden; Bild 9) wird erreicht, dass die Generatorkontrolllampe auch im Fall einer Unterbrechung des Erregerkreises aufleuchtet.

Generatorstromkreis

Die in den drei Phasen des Drehstromgenerators induzierte Wechselspannung muss durch die mit Leistungsdioden bestückte Brückenschaltung gleichgerichtet und an die Batterie und die Verbraucher weitergeleitet werden.

Der Generatorstrom I_G fließt von den drei Wicklungen über die Leistungsdioden zu der Batterie und zu den Verbrauchern im Bordnetz. Der Generatorstrom teilt sich in den Ladestrom der Batterie und in den Verbraucherstrom auf.

Den Verlauf der Spannungen der Ständerwicklungen in Abhängigkeit vom Drehwinkel des Läufers zeigt Bild 10 (hier für einen Läufer mit sechs Polpaaren): Bei einem Drehwinkel von 30° ist die Spannung gegenüber dem Sternpunkt am Wicklungsende v positiv, an w negativ und an u null. Der daraus resultierende Stromverlauf ist in Bild 11 dargestellt: Der Strom fließt vom Wicklungsende v über die Plusdioden zur Generatorklemme B+, über die Batterie bzw. die Verbraucher zur Masse (Generatorklemme B–) und über die Minusdioden zum Wicklungsende w. Bei einem Drehwinkel von 45° fließt ein Strom von den Wicklungsenden v und w über den gleichen Weg zum Wicklungsende u. In diesem Fall ist keine der Phasen spannungslos.

10 Spannungen in den Ständerwicklungen

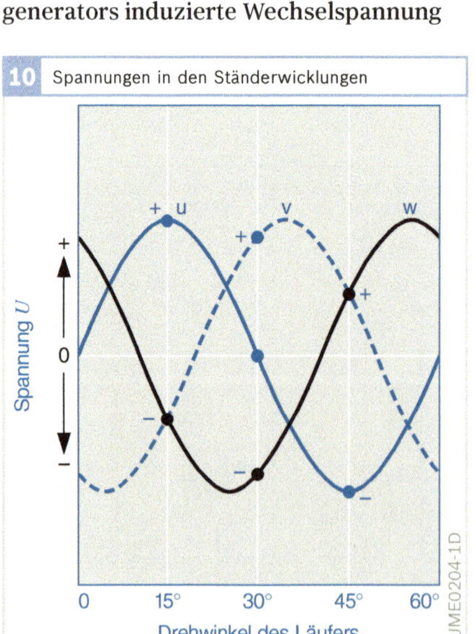
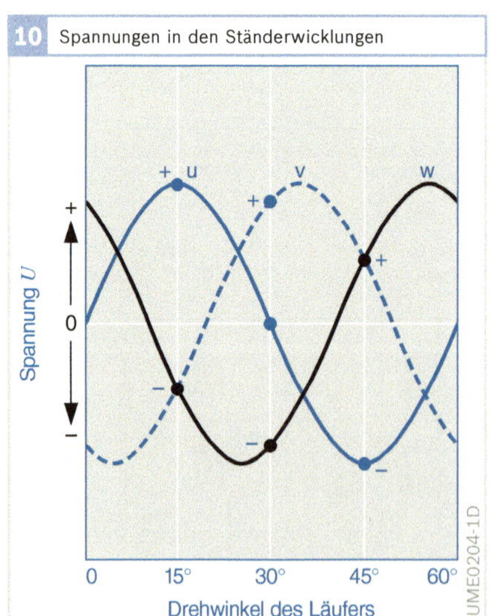

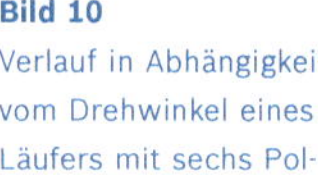

Bild 10
Verlauf in Abhängigkeit vom Drehwinkel eines Läufers mit sechs Polpaaren.

11 Generatorstromkreis

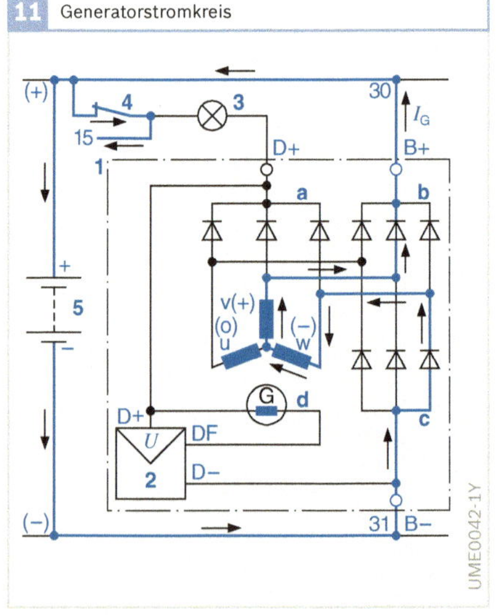

Bild 11
1 Generator
1a Erregerdioden
1b Dioden in Plusplatte
1c Dioden in Minus-platte
1d Erregerwicklung
2 Regler
3 Generator-kontrolllampe
4 Zündschalter
5 Batterie

Spannungsregelung

Aufgabe der Spannungsregelung

Bei konstantem Erregerstrom ist die Generatorspannung abhängig von der Drehzahl und der Belastung des Generators. Aufgabe der Spannungsregelung ist es, die Generatorspannung – und damit auch die Bordnetzspannung – über den gesamten Drehzahlbereich des Fahrzeugmotors konstant zu halten, unabhängig von der elektrischen Last. Dazu regelt der Spannungsregler die Höhe des Erregerstroms und damit die Größe des Magnetfelds im Läufer in Abhängigkeit von der im Generator erzeugten Spannung. Damit hält der Regler die Bordnetzspannung konstant, schützt die Spannungsregelung und verhindert, dass die Batterie während des Fahrzeugbetriebs überladen oder entladen wird. Kfz-Bordnetze mit 12 V Batteriespannung werden im 14 V-Toleranzfeld geregelt, solche mit 24 V Batteriespannung im 28 V-Toleranzfeld. Solange die vom Generator erzeugte Spannung unterhalb der Regelspannung liegt, schaltet der Spannungsregler nicht, die Reglerendstufe ist eingeschaltet (Tastverhältnis 100 %).

12 Reglerkennlinie

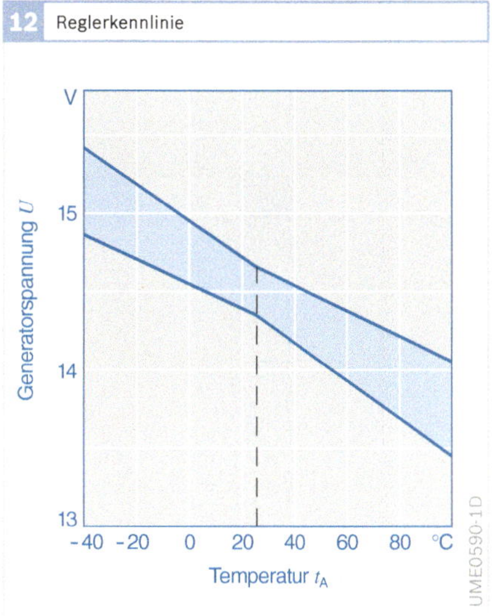

Bild 12
Zulässiges Toleranzband der Generatorspannung (14 V) in Abhängigkeit von der Generator-Ansaugluft-Temperatur.

Die Reglerkennlinie (Generatorspannung in Abhängigkeit von der Temperatur) ist den chemischen Eigenschaften der Batterie angepasst. Bei niedrigen Temperaturen liegt die Generatorspannung etwas höher, um die Batterieladung im Winter zu verbessern. Die Eingangsspannungen der elektronischen Geräte sind dabei berücksichtigt. Bei höheren Temperaturen liegt die Generatorspannung niedriger, um eine Überladung und Gasen der Batterie im Sommer zu vermeiden. Ein Beispiel für eine Kennlinie ist im Bild 12 dargestellt. Das Spannungsniveau beträgt 14,5 V mit einer Neigung von -10 mV/K (Temperaturkompensation).

Prinzip der Spannungsregelung

Übersteigt die Spannung den oberen Sollwert, schaltet der Regler die Endstufe ab (Bild 13). Durch die Induktivität der Erregerspule getrieben fließt der Erregerstrom über die Freilaufdiode zunächst weiter; die Erregung wird schwächer und infogedessen sinkt die Generatorspannung. Unterschreitet die Generatorspannung hierauf den unteren Sollwert, schaltet der Regler den Erregerstrom wieder ein. Die Erregung steigt und damit steigt auch die Generatorspannung. Überschreitet die Spannung den oberen Grenzwert wieder, beginnt der Regelzyklus erneut. Da die Regelzyklen im Bereich von Millisekunden liegen, wird der Mittelwert der Generatorspannung gut auf die vorgegebene Kennlinie eingeregelt.

Das Verhältnis der jeweiligen Ein- und Ausschaltzeiten ist maßgebend für die Größe des mittleren Erregerstroms. Bei niedrigen Drehzahlen ist die Einschaltzeit relativ lang und die Ausschaltzeit kurz. Der Erregerstrom wird nur kurze Zeit unterbrochen und sein Durchschnittswert ist hoch. Umgekehrt ist bei hohen Drehzahlen die Einschaltzeit kurz und die Ausschaltzeit lang. Es fließt ein niedriger Erregerstrom.

Beim Umschalten in den Regelzustand „Aus“ entsteht bei der Unterbrechung des Erregerstroms durch Selbstinduktion in der Erregerwicklung eine Spannungsspitze. Um das Entstehen solcher Spannungsspitzen zu vermeiden, ist im Regler parallel zur Erregerwicklung eine Freilaufdiode geschaltet. Sie übernimmt den Erregerstrom im Moment der Unterbrechung und bewirkt das „Totlaufen“ bzw. „Löschen“ des Stroms.

Drehstromgeneratoren sind heute standardmäßig mit elektronischen Spannungsreglern ausgestattet. Der elektromagnetische Regler hingegen wird praktisch nur noch als Ersatzteil eingesetzt.

Elektromagnetische Spannungsregler

Die für Drehstromgeneratoren eingesetzten Kontaktregler sind Einelement-Regler (Bild 14 und 15), d. h. Regler mit einem Spannungsregelelement, das aus Elektromagnet (3), Regelanker und Regelkontakt (4) besteht. Der Elektromagnet wird vom Generatorstrom durchflossen und steuert den Regelanker, der seinerseits über den Regelkontakt den Erregerstromkreis schließt oder unterbricht.

Die Spannungsregelung erfolgt beim Einelement-Einkontaktregler (Bild 14) folgendermaßen: Auf den Regelanker wirkt einerseits die vom Generatorstrom abhängige Magnetkraft des Elektromagneten und andererseits die Federkraft einer Aufhänge- und Einstellfeder. Überschreitet die Generatorspannung den Sollwert, zieht die Magnetkraft den Anker an und öffnet den Kontakt (Schaltstellung *b*). Dadurch wird ein Widerstand in den Erregerstromkreis geschaltet, der ein Sinken des Erregerstroms bewirkt und damit ein Sinken der Generatorspannung zur Folge hat. Unterschreitet die Generatorspannung den Sollwert, wird die Magnetkraft wieder kleiner. Die Federkraft überwiegt und schließt den Kontakt (Schaltstellung *a*). Dieser Vorgang wiederholt sich ständig.

Der Einelement-Zweikontaktregler arbeitet mit einem zweiten Kontaktpaar, wodurch drei Schalterstellungen möglich sind (Bild 15). In der Schaltstellung *a* ist der Regelwiderstand kurzgeschlossen, es fließt ein hoher Erregerstrom. In der Schaltstellung *b* sind Regelwiderstand und Erregerwicklung in Reihe geschaltet und vermindern dadurch den Erregerstrom. In

13 Regelung des Erregerstroms I_{err}

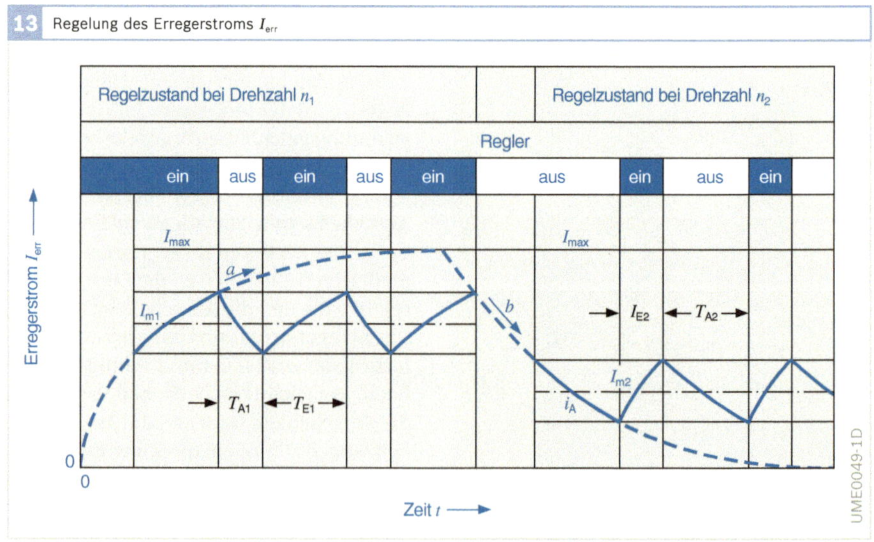

Bild 13
Das Verhältnis der Einschaltdauer T_E zur Ausschaltdauer T_A ist maßgebend für die Größe des mittleren Erregerstroms I_m.
Der Anstieg des Erregerstroms erfolgt entlang der Kurve *a*, der Abfall entlang der Kurve *b*.

der Schaltstellung *c* wird die Erregerwicklung kurzgeschlossen, der Erregerstrom fällt schnell auf null (Zeitkonstante ist unabhängig von Induktivität und Widerstand der Erregerwicklung).

Elektronische Spannungsregler

Merkmale

Der elektronische Spannungsregler wird ausschließlich als Regler für Drehstromgeneratoren verwendet. Seine kleinen Abmessungen, sein geringes Gewicht und die Unempfindlichkeit gegenüber Erschütterungen erlauben es, ihn direkt in den Generator zu integrieren.

Während früher der Transistorregler aus diskreten Bauelementen aufgebaut war, werden nun ausschließlich Regler in Hybrid- und Monolithtechnik eingesetzt.

Die wesentlichen Vorteile des elektronischen Reglers sind:

- kurze Schaltzeiten, die geringe Regeltoleranzen ermöglichen,
- Wartungsfreiheit (kein Verschleiß),
- hohe Schaltströme,
- funkenfreies Schalten, das keine Funkstörungen verursacht,
- Unempfindlichkeit gegen Stoß, Vibration und klimatische Einflüsse,
- Temperaturkompensation,
- kleine Bauweise, die den Anbau am Generator auch bei größeren Generatortypen ermöglicht.

Funktionsweise

Das Funktionsprinzip des elektronischen Reglers ist bei den verschiedenen Ausführungen gleich. Es wird am Beispiel des Transistorreglers Typ EE erläutert.

Ein Spannungsteiler (Widerstände R1, R2 und R3) erfasst den Istwert der Generatorspannung zwischen den Klemmen D+ und D–. Parallel zu R3 ist eine Z-Diode als Sollwertgeber des Reglers geschaltet, die stets an einer der Generatorspannung proportionalen Teilspannung liegt.

Solange der Istwert der Generatorspannung kleiner ist als der Sollwert, liegt der Regelzustand „Ein“ vor (Bild 16a). Die Durchbruchspannung der Z-Diode ist noch nicht erreicht, d. h. es fließt kein Strom durch den Zweig mit der Z-Diode zur Basis des Transistors T1. T1 ist im Sperrzustand. Bei gesperrtem Transistor T1 fließt ein Strom von den Erregerdioden über die Klemme D+ und den Widerstand R6 zur Basis des Transistors T2 und schaltet T2 ein. Der durchgeschaltete Transistor T2

14 Schaltbild eines Einelement-Einkontaktreglers

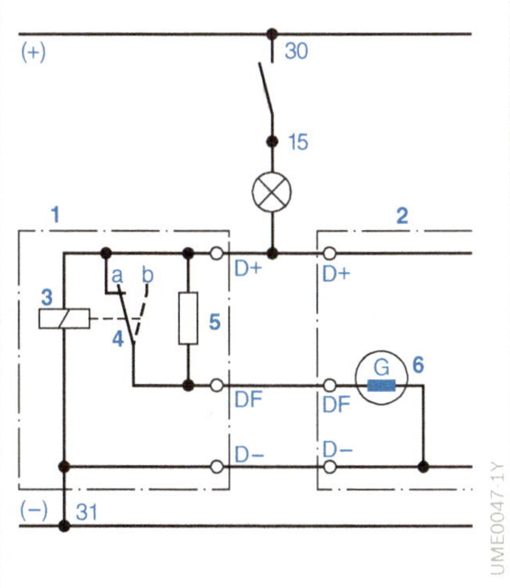

15 Schaltbild eines Einelement-Zweikontaktreglers

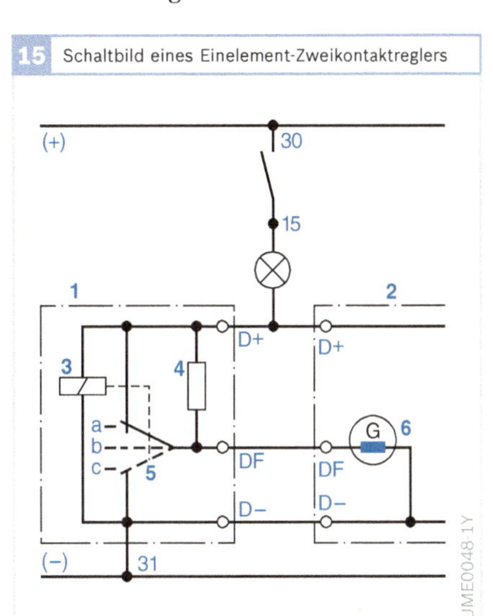

Bild 14
1 Regler
2 Generator
3 Elektromagnet
4 Regelkontakt
5 Regelwiderstand
6 Erregerwicklung (G)

Bild 15
1 Regler
2 Generator
3 Elektromagnet
4 Regelwiderstand
5 Regelkontakt
6 Erregerwicklung (G)

verbindet die Klemme DF mit der Basis von T3. Somit ist mit T2 auch immer T3 leitend. Die Transistoren T2 und T3 sind als Darlington-Stufe ausgeführt und bilden die Leistungsstufe des Reglers. Durch T3 und die Erregerwicklung fließt der Erregerstrom I_{err}, der während der Einschaltdauer ansteigt und ein Ansteigen der Generatorspannung U_G bewirkt. Gleichzeitig steigt auch die Spannung am Sollwertgeber. Überschreitet der Istwert der Generatorspannung den Sollwert, liegt der Regelzustand „Aus" vor (Bild 16b).

Die Z-Diode wird mit dem Erreichen der Durchbruchspannung leitend. Es fließt ein Strom von D+ über die Widerstände R1, R2 in den Stromzweig mit der Z-Diode zur Basis des Transistors T1. T1 wird damit ebenfalls leitend. Als Folge davon wird die Spannung an der Basis von T2 gegenüber dem Emitter praktisch null und die beiden Transistoren T2 und T3 als Leistungsstufe sperren. Der Erregerstromkreis wird unterbrochen, die Erregung klingt ab und die Generatorspannung sinkt. Sobald die Generatorspannung unter den Sollwert

16 Stromlaufplan eines Transistorreglers Typ EE

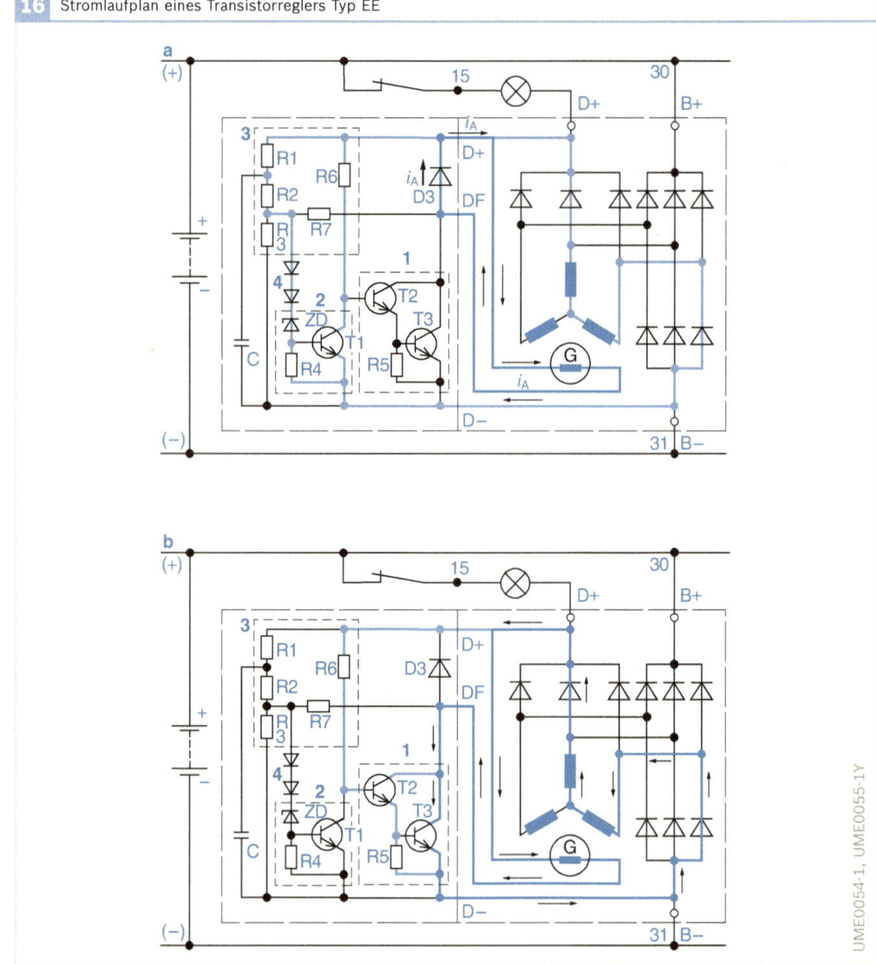

Bild 16
a Erregerstrom durch T3 ausgeschaltet
b Erregerstrom durch T3 eingeschaltet

1 Leistungsstufe
2 Steuerstufe
3 Spannungsteiler
4 Temperatur-Kompensations-Dioden

C Kondensator zur Spannungsglättung
D3 Freilaufdiode

gesunken ist und die Z-Diode sperrt, schaltet die Leistungsstufe den Erregerstrom wieder ein.

Bei der Unterbrechung des Erregerstroms würde infolge der Selbstinduktion in der Erregerwicklung eine Spannungsspitze entstehen, die die Transistoren T2 und T3 zerstören könnte. Um dies zu verhindern, ist parallel zur Erregerwicklung die Freilaufdiode D3 geschaltet. Die Freilaufdiode übernimmt den Erregerstrom im Moment der Unterbrechung und verhindert das Entstehen der Spannungsspitze.

Indem die Erregerwicklung abwechselnd an die Generatorspannung gelegt oder über die Freilaufdiode kurzgeschlossen wird, wiederholt sich der Regelzyklus vom Ein- und Ausschalten des Stromflusses periodisch. Das Tastverhältnis hängt von der Generatordrehzahl und von der Belastung ab.

Der Kondensator C glättet die wellige Generatorgleichspannung. Das schnelle, exakte Umschalten der Transistoren T2 und T3 wird durch den Widerstand R7 erreicht, ebenso die Verringerung der Umschaltverluste.

Regler in Hybridtechnik

Ein Transistorregler in Hybridtechnik enthält in einem hermetisch gekapselten Gehäuse eine Keramikplatte mit Schutzwiderständen in Dickschichttechnik und einem aufgeklebten integrierten Schaltkreis (IS bzw. IC), in dem alle Steuer- und Regelfunktionen vereinigt sind.

Die Leistungsbauelemente der Endstufe (Darlington-Transistoren und die Freilaufdiode) sind direkt auf dem Metallsockel aufgelötet, um eine gute Wärmeableitung zu gewährleisten. Die elektrischen Anschlüsse sind durch glasisolierte Metallstifte herausgeführt.

Der Regler ist auf einem angepassten Bürstenhalter montiert und ohne Verkabelung direkt am Generator befestigt. Bedingt durch die Darlingtonschaltung in der Leistungsendstufe (zwei Transistoren) ist der Spannungsfall in Flussrichtung etwa 1,5 V.

Bild 17 zeigt die Schaltung für einen Drehstromgenerator mit Spannungsregler in Hybridtechnik. Seine charakteristischen Eigenschaften sind eine kompakte Bauweise, geringes Gewicht, wenige Bauteile, wenige Verbindungsstellen und eine hohe Zuverlässigkeit im Fahrzeugeinsatz

17 Schaltbild eines Generators mit elektronischem Regler in Hybridtechnik Typ EL

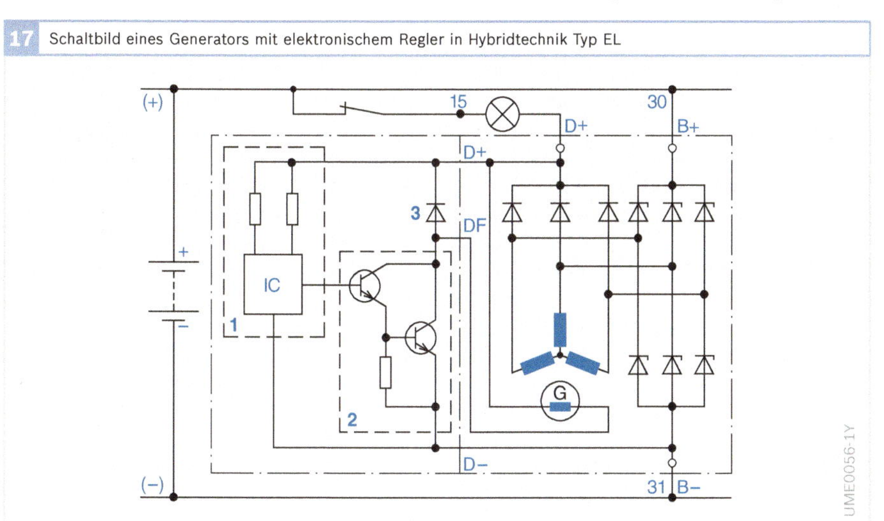

Bild 17
1 Steuerstufe in Dickschichttechnik mit Widerständen und IC
2 Leistungsstufe (Darlington-Schaltung)
3 Freilaufdiode

auch bei extremen Betriebsbedingungen. Der Regler in Hybridtechnik wird hauptsächlich in Generatoren in Topfbauart (s. Abschnitt „Generatorausführungen“) verwendet.

Regler in Monolithtechnik

Der Regler in Monolithtechnik ist eine Weiterentwicklung des Hybridreglers. Die Funktionen des IC (Integrated Circuit), der Leistungsstufe und der Freilaufdiode des Hybridreglers sind in einem Chip integriert. Die Zuverlässigkeit ist aufgrund der kompakten Bauweise, d. h. weniger Bauelemente und weniger Verbindungen, weiter erhöht. Die Endstufe ist als einfache Leistungsstufe ausgeführt, weshalb der Spannungsfall in Flussrichtung nur 0,5 V beträgt.

Regler in Monolithtechnik in Kombination mit Gleichrichtern (mit Zener-Dioden) werden in Compact-Generatoren verwendet.

Multifunktionsregler

Monolithregler können mit zahlreichen weiteren Funktionen versehen werden. Diese Multifunktionsregler (MFR) werden heute in allen neuen Compact-Generatoren angebaut. Sie beziehen den Erregerstrom direkt von B+, so dass keine Erregerdioden erforderlich sind.

Zusätzliche Funktionen des Multifunktionsreglers gegenüber herkömmlichen Reglern sind:

- gesteuerte Vorerregung
- Erkennung „Generator dreht“ mit Hilfe der Überwachung des Phasenanschlusses
- Notregelung bei Unterbrechung der Leitung an Anschluss L
- Übertemperaturschutz durch Abregeln des Erregerstroms beim Überschreiten der Grenztemperatur
- Load-Response-Funktionen: Langsames Nachregeln des Erregerstroms nach dem Zuschalten einer Bordnetzlast, damit der Motor im Leerlauf genügend Zeit hat, das steigende Antriebsmoment des Generators auszuregeln.

Die Verlustleistung der Generatorkontrolllampe im Instrumentenfeld ist häufig zu groß und störend. Sie kann z. B. durch Übergang auf eine LED-Anzeige reduziert werden. Multifunktions-Spannungsregler erlauben die Ansteuerung sowohl von Glühlampen als auch von LED als Anzeigeelemente.

Überspannungsschutz

Der niedrige Innenwiderstand der Starterbatterie dämpft i. d. R. alle im Bordnetz auftretenden Spannungsspitzen.

Als vorbeugende Maßnahme gegen Störungen im Bordnetz bei Gefahrguttransportern ist jedoch ein Überspannungsschutz oft sinnvoll.

Ursachen für Überspannungen

Überspannungen im Bordnetz können bei folgenden Situationen auftreten:

- Reglerausfall,
- ausgefallene oder abgeklemmte Batterie,
- Abschalten von Verbrauchern mit vorwiegend induktiver Last,
- Wackelkontakte.

Die Überspannungen sind Spannungsspitzen von kurzer Dauer im Bereich von Millisekunden. Die höchsten Spannungsspitzen liegen bei 350 V. Überspannungen entstehen auch, wenn bei laufendem Motor die Leitung zwischen Generator und Batterie unterbrochen ist (z. B. bei Start mit einer Fremdbatterie) und starke Verbraucher ausgeschaltet werden. Deshalb soll ein Generator im Kraftfahrzeug im normalen Fahrbetrieb nicht ohne angeschlossene Batterie betrieben werden.

Für bestimmte Situationen muss jedoch ein Kurzzeit- oder Notbetrieb ohne Batterie zugelassen werden. Derartige Situationen sind zum Beispiel:

- Fahren neu gefertigter Fahrzeuge vom Endmontageband zum Abstellplatz ohne Batterie,
- Bahn- oder Schiffsverladung ohne Batterie (die Batterie wird erst vor Lieferung des Fahrzeugs an den Kunden eingebaut),
- Kundendienstarbeiten usw.

Auch bei Schleppern und Traktoren ist ein Betrieb ohne Batterie nicht immer zu vermeiden.

Schutzarten

Der Überspannungsschutz kann durch verschiedene Maßnahmen realisiert werden.

Schutz durch Zener-Dioden (Z-Dioden)

Anstelle der Leistungsdioden des Gleichrichters können Z-Dioden eingesetzt werden. Sie begrenzen auftretende energiereiche Spannungsspitzen.

Z-Dioden bieten darüber hinaus einen zentralen Überspannungsschutz für weitere spannungsempfindliche Verbraucher im Bordnetz. Die Spannung eines mit Z-Dioden ausgerüsteten Gleichrichters beträgt bei einem Generator mit 14-V-Generatorspannung 25...30 V, bei einem Generator mit 28-V-Generatorspannung 50...55 V. Die Drehstromgeneratoren in Compactbauweise sind grundsätzlich mit Z-Dioden ausgestattet.

Generator und Regler in spannungsfester Ausführung

In diese Generatoren sind Halbleiterbauelemente mit höherer Spannungsfestigkeit eingebaut. Die Spannungsfestigkeit der Halbleiter liegt bei 14-V-Generatorspannung mindestens bei 200 V und bei 28-V-Generatorspannung bei 350 V.

Zusätzlich ist zwischen der Generatorklemme B+ und Masse ein Kondensator geschaltet, der gleichzeitig der Nahentstörung dient.

Spannungsfeste Generatoren und Regler haben nur Eigenschutzfunktionen. Sie bieten also keinen Fernschutz für andere spannungsempfindliche Verbraucher und Bauelemente im Bordnetz.

Überspannungsschutzgeräte

(nur für 28-V-Generatoren)
Überspannungsschutzgeräte sind Halbleiterschaltungen, die mit den Generatorklemmen D+ und D– (Masse) verbunden werden. Beim Auftreten von Spannungsspitzen wird der Generator über die

18 Schaltbild eines Überspannungsschutzgerätes (nicht automatisch) für 24-V-Bordnetz

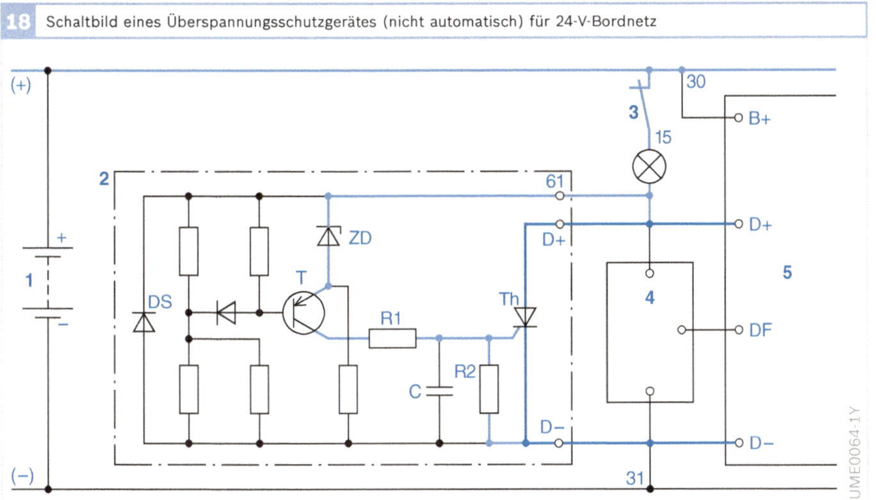

Bild 18
1 Batterie
2 Überspannungsschutzgerät
3 Fahrtschalter
4 Regler
5 Generator

Erregerwicklung kurzgeschlossen. Überspannungsschutzgeräte schützen primär Generator und Regler und erst in zweiter Linie spannungsempfindliche Verbraucher im Bordnetz.

Nicht-automatisches Überspannungsschutzgerät

Dieses Überspannungsschutzgerät wird direkt an die Klemmen D+ und D- der Generatoren der Baugröße T1, z. B. in Omnibussen oder Nkw, angeschlossen (Bild 18). Tritt an diesen Klemmen eine Spannungsspitze oder eine Überspannung auf, die über dem Ansprechwert des Geräts von 31 V liegt, wird der Thyristor Th leitfähig. Die Z-Diode ZD wirkt als Sollwertgeber. Die Widerstände R1, R2 und der Kondensator C bestimmen die erforderliche Ansprechverzögerung. Innerhalb von Millisekunden sind damit Regler und Generator über die Klemmen D+ und D- kurzgeschlossen. Der Thyristor übernimmt den Kurzschlussstrom. Durch den Batteriestrom leuchtet die Generatorkontrolllampe auf, der Fahrer wird gewarnt. Der Thyristor sperrt erst wieder, wenn der Kurzschlussstrom nicht mehr fließt, d. h. nach Ausschalten des Fahrtschalters oder bei Motor- bzw. Generatorstillstand.

Bei einem Vertauschen von D+ und D- beim Einbau des Geräts gewährt das Gerät keinen Überspannungsschutz.

Die Generatorkontrolllampe zeigt diesen Fehler nicht an. Um eine sichere Anzeige zu gewährleisten, wird eine Sicherheitsdiode DS zwischen die Klemmen D+ und D- geschaltet. Bei einem Vertauschen der Leitungen ist diese Diode in Durchlassrichtung gepolt. Die Generatorkontrolllampe leuchtet dauernd auf.

Überspannungsschutzgerät mit Einschaltautomatik

Dieses Schutzgerät ist für Generatoren der Baugröße T1 bestimmt (Bild 19). Das Gerät hat die zwei Eingänge D+ und B+, die auf unterschiedliche Spannungshöhen und Ansprechzeiten reagieren. Der Eingang D+ wirkt, wie bei dem oben beschriebenen Gerät, als schneller Überspannungsschutz.

Der Eingang B+ spricht nur an, wenn der Regler defekt ist. Dabei steigt die Spannung des Generators ungeregelt an, bis die Ansprechspannung des Geräts von 31 V erreicht ist und das Gerät schaltet. Der Generator bleibt bis zum Abstellen des Motors kurzgeschlossen. Der Eingang B+ arbeitet also als Folgeschadenschutz.

19 Vereinfachtes Schaltbild eines Überspannungsschutzgeräts mit Einschaltautomatik für den Generatortyp T1

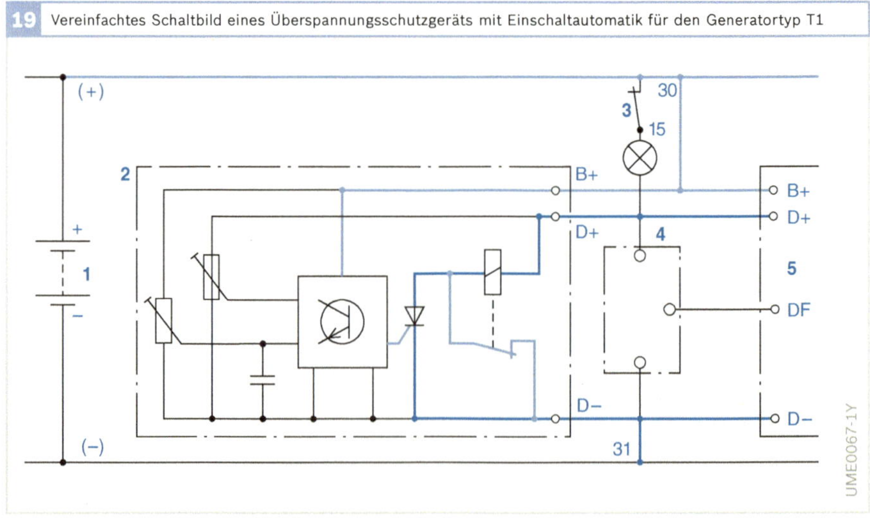

Bild 19
1 Batterie
2 Folgeschadenschutzgerät
3 Fahrtschalter
4 Regler
5 Generator

Spannungsspitzen, die durch Lastabschaltungen vom Generator selbst entstehen, können die anderen Verbraucher im Bordnetz durch Kurzschluss des Generators nicht beschädigen. Außerdem wird ein Schutz des Bordnetzes gegen Folgeschäden bei defektem Regler erreicht.

Folgeschadenschutzgerät

Das Folgeschadenschutzgerät ist für den Doppel-T1-Generator mit zwei Ständern und zwei Erregersystemen bestimmt (Bild 20). Während die Überspannungsschutzgeräte den Generator kurzschließen, übernimmt das Folgeschadenschutzgerät auch bei batterielosem Notbetrieb bis zu einem gewissen Grad eine Ersatzregelfunktion. Es hält im Rahmen der möglichen Generatorbelastung und in Abhängigkeit von der Generatordrehzahl eine mittlere Generatorspannung von ca. 24 V aufrecht und ermöglicht damit einen Notbetrieb.

Bei Betrieb mit Batterie und leitend defektem Regler unterbricht das Folgeschadenschutzgerät den Erregerstromkreis des Generators ca. 2 s nach Überschreiten der Ansprechschwelle von 30 V. Danach wirkt der Relaiskontakt des Geräts als Kontaktregler und übernimmt die Ersatzregelfunktion. Bei batterielosem Betrieb (Notbetrieb ohne Batterie) spricht das Gerät an, wenn eine Spannungsspitze von 60 V oder mehr länger als 1 ms ansteht.

Die Generatorkontrolllampe zeigt den Notbetrieb durch Blinken an. Da der Spannungsmittelwert sehr niedrig ist, wird bei diesem Betrieb die Batterie nicht geladen. Die maximale Betriebszeit der Ersatzregelfunktion beträgt ca. 10 Stunden. Danach muss das Folgeschadenschutzgerät ausgetauscht werden.

Kennlinien

Generatorverhalten

Kraftfahrzeug-Generatoren arbeiten durch das konstante Übersetzungsverhältnis zum Motor in einem großen Drehzahlbereich. Kennlinien geben das charakteristische Verhalten eines Generators wieder.

Die Generator-Volllastkennlinie bezieht sich dabei auf eine konstante Generatorspannung und auf eine definierte Umgebungstemperatur.

20 Schaltbild eines Folgeschadenschutzgeräts für Doppel-T1-Generator

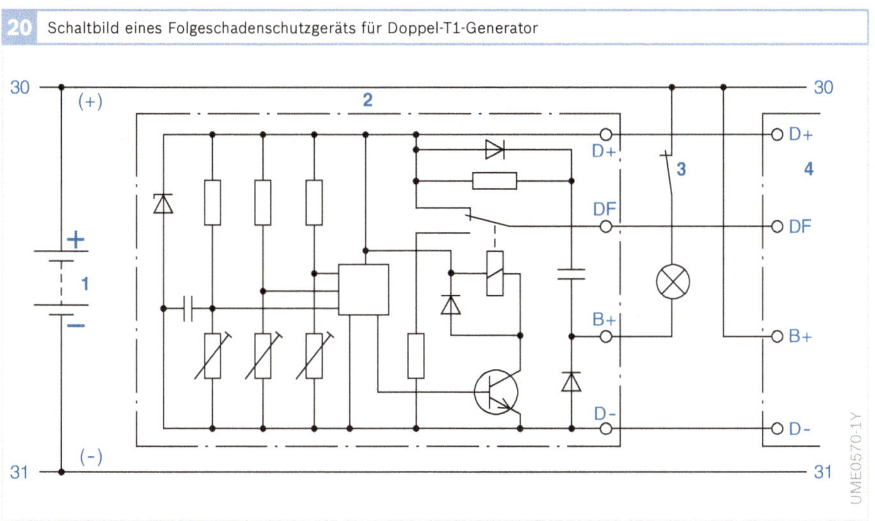

Bild 20
1 Batterie
2 Folgeschadenschutzgerät
3 Fahrtschalter
4 Generator mit Regler

Stromkennlinie

Zur Beschreibung der Stromkennlinie (Bild 21) werden definierte Drehzahlpunkte des Generators betrachtet.

Null-Ampere-Drehzahl (n_0)

Die Null-Ampere-Drehzahl ist die Drehzahl des Generators, bei der die Nennspannung erreicht wird, ohne Strom abzugeben (ca. 1000 min^{-1}). Erst bei höheren Drehzahlen kann der Generator Strom liefern.

Drehzahl bei Motorleerlauf (n_L), Strom bei Motorleerlauf (I_L)

Die Generatordrehzahl bei Motorleerlauf ist im Diagramm als Bereich angegeben, da ihr Wert vom Übersetzungsverhältnis des Generators zum Motor abhängt. Bei Topf-Generatoren ist sie auf n_L = 1500 min^{-1} festgelegt, bei Compact-Generatoren entsprechend dem üblicherweise höheren Übersetzungsverhältnis auf n_L = 1800 min^{-1}.

Der vom Generator bei Motorleerlaufdrehzahl erzeugte Strom (Leerlaufstrom) muss mindesten zur Versorgung der dauernd eingeschalteten Verbraucher ausreichen.

21 Typische Kennlinie eines Drehstromgenerators

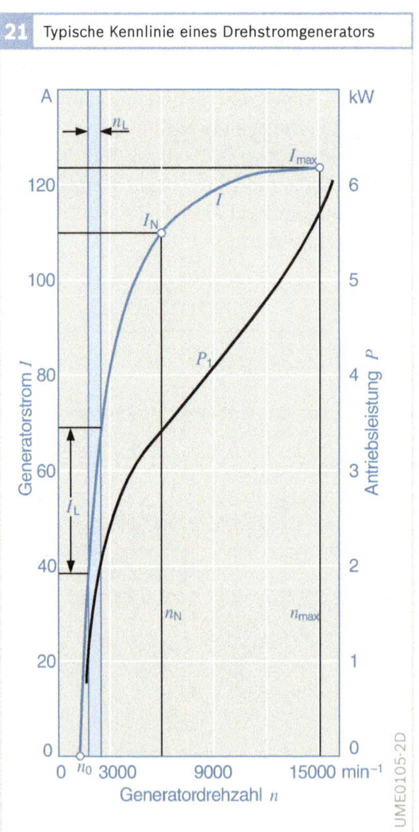

Nenndrehzahl (n_N), Nennstrom (I_N)

Als Nennstrom wird der Volllaststrom des Generators bezeichnet, den er bei Nenndrehzahl n_N = 6000 min^{-1}, bei Generatorspannung U_G = 13,5 V und bei Umgebungstemperatur T_U = 23 °C abgibt.

Höchstdrehzahl (n_{max}), Maximalstrom (I_{max})

Der Maximalstrom I_{max} ist der höchste vom Generator erzeugbare Strom. Bei höheren Drehzahlen steigt die Kennlinie durch die Wirkung des vom Laststrom erzeugten Gegenmagnetfeldes nicht weiter an. Die Drehzahl des Generators wird in erster Linie durch seine Bauart begrenzt. Die Höchstdrehzahl liegt bei Compact-Generatoren im Bereich von 18 000...22 000 min^{-1}, bei Topf-Generatoren im Bereich von 15 000...18 000 min^{-1} und bei Generatoren für Nkw zwischen 8000 und 15 000 min^{-1}.

Kennlinie der Antriebsleistung

Die Kennlinie der Antriebsleistung wird für die Auslegung des Antriebsriemens herangezogen. Die Kennlinie zeigt über den Drehzahlbereich des Motors, welche Leistung maximal vom Motor auf den Generator übertragen wird. Aus der Antriebsleistung und der abgegebenen Leistung des Generators kann darüber hinaus sein Wirkungsgrad bestimmt werden.

Die Kennlinie der Antriebsleistung zeigt im mittleren Drehzahlbereich einen flachen Verlauf und steigt bei höheren Drehzahlen beträchtlich an.

Leistungsverluste

Wirkungsgrad

Der maximale Wirkungsgrad eines modernen luftgekühlten Generators beträgt bei Volllast etwa 70 %. Im Kraftfahrzeugbetrieb arbeitet der Generator meist im Teillastbereich, in dem ein Wirkungsgrad von bis zu 75 % erreicht wird.

Der Einsatz eines größeren und schwereren Generators ermöglicht bei gleicher Belastung den Betrieb in einem günstigeren Bereich des Wirkungsgrad-Kennfeldes (Bild 22). Der höhere Wirkungsgrad bei einem größeren Generator kann den Einfluss des höheren Gewichts auf den Kraftstoffverbrauch aufwiegen.

Generatorschaltungen

Parallel geschaltete Leistungsdioden

Bei großen Generatoren mit Nennströmen über 180 A können die sechs Leistungsdioden der Drehstrom-Brückenschaltung durch zu große Erwärmung beschädigt werden. Deshalb sind bei großen Generatoren pro Phase zwei oder mehrere Leistungsdioden parallel geschaltet (Bild 24, Pos. 2, hier mit jeweils zwei Dioden). Der Generatorstrom teilt sich auf die parallel geschalteten Dioden auf, sodass die einzelnen Dioden von einem entsprechend schwächeren Strom durchflossen werden.

Zusatzdioden im Sternpunkt

Bei Drehstromgeneratoren mit Sternschaltung der Ständerwicklungen werden die Wicklungsenden in einem Punkt, dem Sternpunkt, zusammengefasst. Durch zwei weitere Dioden (Zusatzdioden), die als Leistungsdioden zwischen Sternpunkt und Plus- bzw. Minusklemme angeschlossen sind (Bild 24, Pos. 3), kann die in allen drei Strängen gleichphasig induzierte Spannung der dritten Oberwelle genutzt werden. Die induzierte Spannung der dritten Oberwelle erreicht ab einer Generatordrehzahl von etwa 3000 min^{-1} die Bordnetzspannung. Ab dieser Drehzahl tragen die Zusatzdioden zur Leistungs- und Wirkungsgradsteigerung bei. Dieser zusätzliche Anteil erhöhen jedoch auch die Welligkeit der Generatorspannung.

Parallelbetrieb von Generatoren

Zur Deckung eines großen Leistungsbedarfs können Generatoren gleicher Spannung parallel geschaltet werden. Voraussetzung für den Parallelbetrieb sind jedoch gleiche Regler-Charakteristiken und gleiche Reglerkennlinien der parallel zu schaltenden Generatoren.

22 Wirkungsgrad-Kennfeld für Generatoren K1 und N1

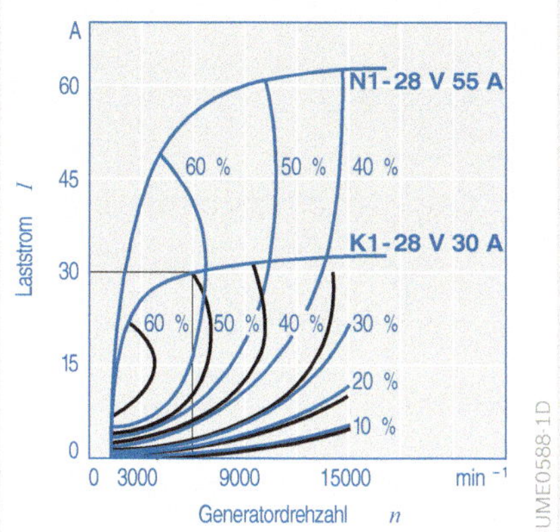

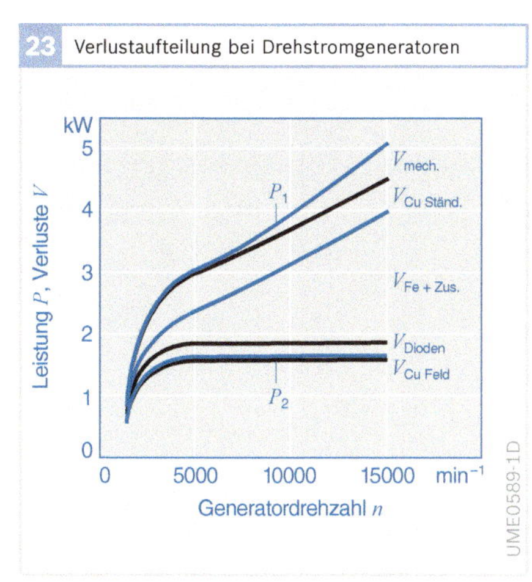

23 Verlustaufteilung bei Drehstromgeneratoren

Bild 22
I = 30 A
U = 28 V
n = 6000 min^{-1}
η_{K1} = 50 % bei 5 kg Gewicht
η_{N1} = 62 % bei 6,15 kg Gewicht

Bild 23
P_1 aufgenommene Leistung
P_2 abgegebene Leistung
V_{mech} mechanische Verluste
$V_{Cu\ Ständ}$ Kupferverluste im Ständer
V_{Fe+Zus} Eisen- und Zusatzverluste
V_{Dioden} Gleichrichterverluste
$V_{Cu\ Feld}$ Erregerverluste

Klemme W

Die Klemme W (Bild 24, Pos. 5) liefert eine pulsierende Gleichspannung (einweggleichgerichtete Wechselspannung), die für die Ermittlung der Motordrehzahl benutzt werden kann. Die Frequenz hängt von der Polpaarzahl und der Drehzahl des Generators ab.

$f = p \cdot n/60$

f Frequenz (Impulse pro Sekunde),
p Polpaarzahl (6 z. B. bei den Baugrößen G, K und N; 8 z. B. bei der Baugröße T),
n Generatordrehzahl (min^{-1}).

Entstörmaßnahmen

Der Generator und auch andere elektrische Verbraucher eines Kfz können durch ihre elektromagnetischen Felder andere elektrische und elektronische Geräte stören.

Die Nahentstörung von Generatoren ist dann erforderlich, wenn in unmittelbarer Nähe oder im Fahrzeug selbst eine Funkanlage, ein Autotelefon, ein Autoradio usw. betrieben wird. Daher sind Generatoren i. d. R. mit einem Entstörkondensator ausgerüstet. Bei älteren Generatoren in Topfbauweise kann nachträglich ein Entstörkondensator an der Außenseite des Schleifringlagerschildes montiert werden. Bei Compact-Generatoren ist er bereits im Gleichrichter integriert.

Die Kontaktregler älterer Bauart werden mit einem Entstörfilter kombiniert oder durch eine entstörte Reglerausführung ersetzt. Elektronische Regler brauchen nicht zusätzlich entstört werden.

25 Spannung mit dritter Oberwelle

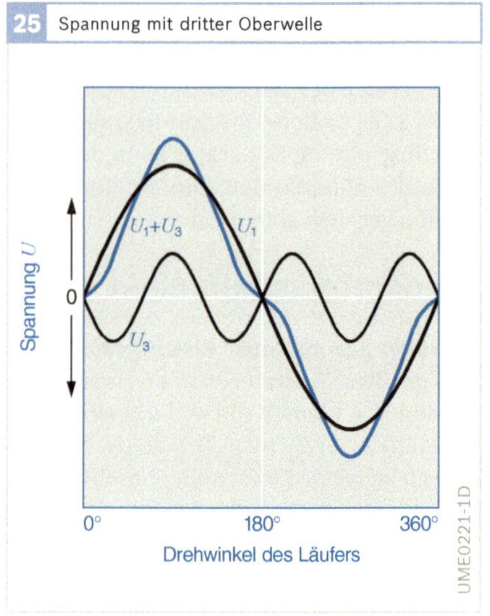

24 Schaltbild eines Generators Typ T1 mit speziellen Schaltungsvarianten

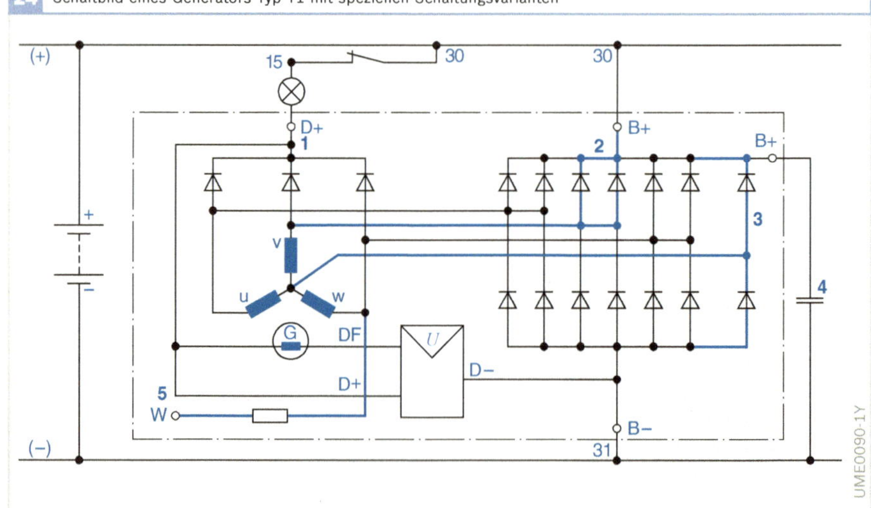

Bild 24
1 Erregerdioden
2 parallel geschaltete Leistungsdioden
3 Zusatzdioden am Sternpunkt
4 Entstörkondensator
5 entstörte Klemme W

Bild 25
U_1 Phasenspannung (Grundwelle)
U_3 Spannung der dritten Oberwelle

Generatorausführungen

Auslegungskriterien

Für die verschiedenen Einsatzbedingungen und Leistungsbereiche der jeweiligen Fahrzeugarten und deren Antriebsmotoren wurden verschiedene Grundausführungen entwickelt.

Folgende Kriterien sind für die Auswahl von Generatoren maßgebend:

- Fahrzeugart, Betriebsbedingungen,
- Drehzahlbereich des jeweiligen Verbrennungsmotors,
- Batteriespannung des Bordnetzes,
- Strombedarf der Verbraucher,
- Beanspruchung des Generators durch Umwelteinflüsse (Wärme, Schmutz usw.),
- Einbauverhältnisse, Abmessungen.

Aus diesen Kriterien ergibt sich die erforderliche elektrische Dimensionierung des Generators, d.h.

- die Generatorspannung (14 V / 28 V),
- die maximale Leistungsabgabe (Spannung × Stromstärke)
- der Maximalstrom.

Aufbau des Compact-Generators

Das Gehäuse des Generators besteht aus dem Antriebs- und dem Schleifringlagerschild (Bild 26), zwischen denen der Ständer eingespannt ist. In den beiden Lagerhälften ist die Läuferwelle gelagert.

Der Ständer (2) des Generators besteht aus mit Nuten versehenen Blechen, die zu einem festen Blechpaket zusammengepresst sind. In die Nuten sind die Windungen der dreiphasigen Ständerwicklung eingebettet.

Der Läufer gibt dem Klauenpolgenerator seinen Namen: Er besteht aus zwei gegensätzlich gepolten Polradhälften, deren klauenartig ausgebildeten Polfinger wech-

26 Aufbau eines Compact-Generators

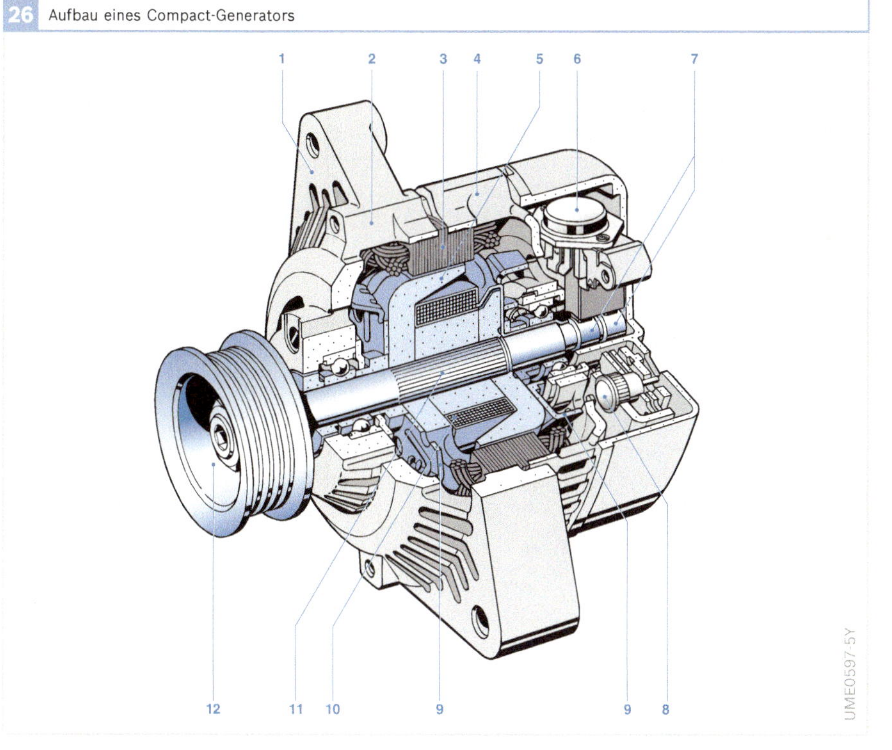

Bild 26
1 Gehäuse
2 Antriebslagerschild
3 Ständer
4 Schleifringlagerschild
5 Magnetpol
6 elektronischer Spannungsregler mit Bürstenhalter
7 Schleifringe
8 Gleichrichter
9 Lüfter
10 Erregerwicklung
11 Läuferwelle
12 Riemenscheibe

selseitig als Süd- und Nordpole ineinander greifen (Bild 27).

Die realisierbare Polzahl ist begrenzt. Eine niedrige Polzahl hat eine geringe Maschinenausnutzung zur Folge, während eine hohe Polzahl die magnetischen Streuflussverluste stark erhöht. Daher sind diese Generatoren je nach Leistung als 12-polige oder 16-polige Maschinen ausgeführt.

Die Polradhälften überdecken die ringspulenförmige Erregerwicklung, die sich auf dem Polkern befindet (Bild 28). Die Erregerwicklung erhält den Erregerstrom über Kohlebürsten, die im Schleifringlagerschild montiert sind und mit Federn gegen die Schleifringe gedrückt werden.

Der magnetische Nutzfluss geht durch den Polkern, die linke Polhälfte und deren Finger, über den Luftspalt zum feststehenden Ständerblechpaket mit der Ständerwicklung und schließt sich durch die rechte Polradhälfte wieder im Polkern.

Die Kühlung des Compact-Generators erfolgt durch zwei Lüfter (Bild 26, Pos. 7), die antriebs- und schleifringseitig am Läufer montiert sind. Die Lüfter saugen die Kühlluft jeweils stirnseitig an und blasen die erwärmte Luft radial aus (zweiflutige Belüftung). Die zwei kleinen Lüfter produzieren erheblich weniger aerodynamisches Geräusch als der große Lüfter eines Topf-Generators. Außerdem sind sie für höhere Drehzahlen (Maximaldrehzahl: 18 000...22 000 min^{-1}) geeignet. Diese beiden Eigenschaften erlauben eine höhere Übersetzung zwischen Kurbelwelle und Generator, sodass Compact-Generatoren bis zu 25 % mehr Leistung bei gleicher Motordrehzahl und Baugröße abgeben können.

Auf der Läuferwelle ist auch die Riemenscheibe für den Antrieb befestigt. Die Läufer der Drehstromgeneratoren können in beiden Drehrichtungen betrieben werden. Entsprechend der Drehrichtung muss die Lüfterform für Rechts- oder Linkslauf ausgeführt werden.

Der elektronische Spannungsregler bildet mit dem Bürstenhalter eine Einheit (4), sofern er für den Anbau direkt am Generator vorgesehen ist. In einigen Fällen wird bei Nkw der elektronische Spannungsregler getrennt vom Generator an einer geschützten Stelle der Karosserie befestigt und über elektrische Steckverbindungen an den Bürstenhalter angeschlossen.

27 Aufbau eines Klauenpolgenerators mit Schleifringen

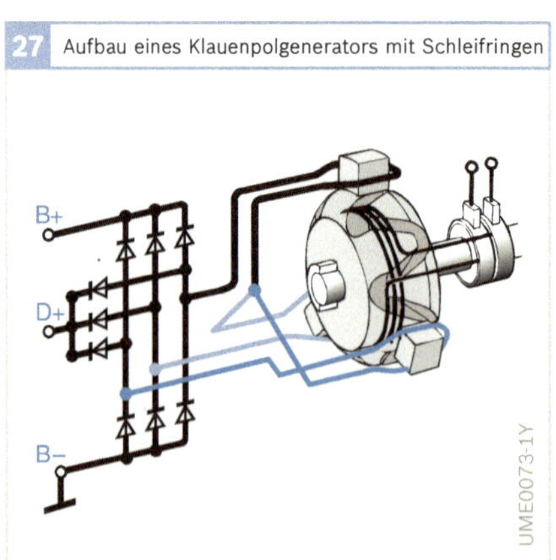

28 Aktivteile eines 12-poligen Klauenpolläufers

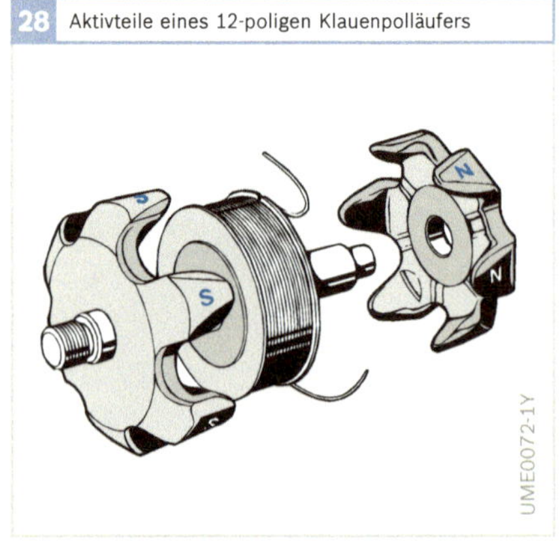

Aufbau des Topf-Generators

Der Klauenpol-Generator in Topf-Bauart (Bild 29) unterscheidet sich vom Compact-Generator in erster Linie durch den großen Lüfter (2), der zwischen Riemenscheibe (1) und topfförmigem Generatorgehäuse platziert ist. Der außen liegende Lüfter mit einer Maximaldrehzahl von 12 000...18 000 min^{-1} zieht die Kühlluft axial durch das Gehäuse (einflutige Belüftung).

Weitere Unterschiede sind die beim Topf-Generator größeren Schleifringe (7) und die Position des Gleichrichters innerhalb des Schleifringlagerschilds (6).

Der Doppel-T1-Generator

Der Doppel-T1-Generator besteht aus zwei elektrisch und mechanisch gekoppelten Generatoren der Baugröße T1 in einem gemeinsamen Gehäuse (Bild 31). Der elektronische Spannungsregler ist im Generator eingebaut. Die elektrische Schaltung der beiden Ständer und der beiden Erregersysteme ist in Bild 30 dargestellt. Zwischen D+ und D- befindet sich ein 100 Watt-Widerstand, der bewirkt, dass die Generatorkontrolllampe bei einer Feldunterbrechung aufleuchtet.

Der Doppel-T1-Generator wird in Bussen eingesetzt, die aufgrund steigender Komfortansprüche hohe Leistungsanforderungen an den Generator stellen.

Generatoren mit Leitstückläufer ohne Schleifringe

Charakteristisch für den Leitstückläufer (Bild 32) ist, dass neben dem Gehäuse mit dem Ständerpaket (4), den Kühlblechen mit den Leistungsdioden und dem angebauten Transistorregler (8) auch der Innenpol mit der Erregerwicklung (5) zum feststehenden Teil der Maschine gehört,

29 Schnittbild eines Klauenpolgenerators in Topfbauart

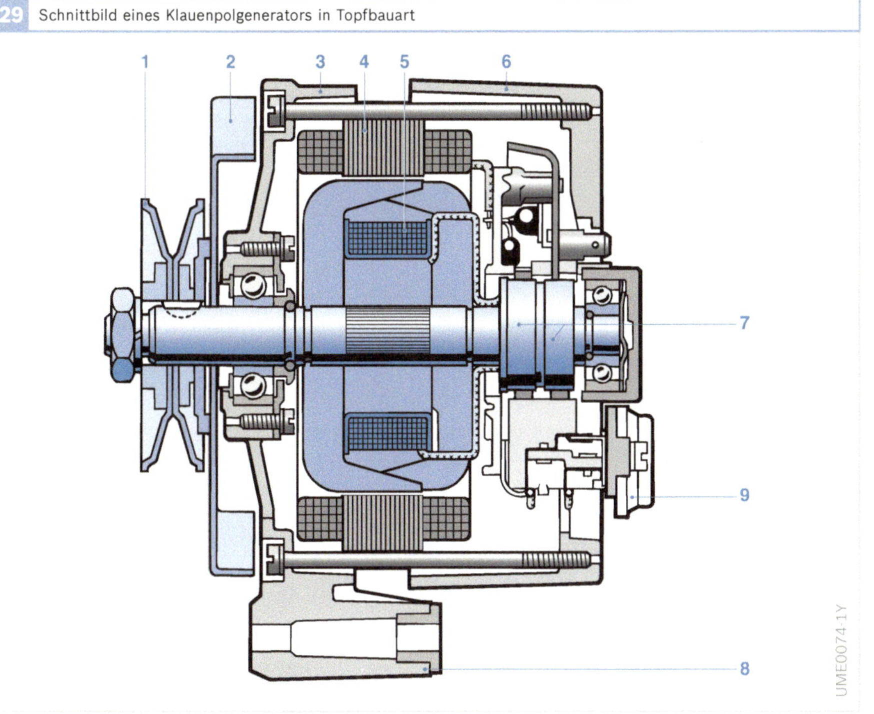

Bild 29

1 Riemenscheibe
2 Lüfter
3 Antriebslagerschild
4 Ständerpaket
5 Erregerwicklung
6 Schleifring-lagerschild
7 Schleifringe
8 Schwenkarm
9 Regler

deshalb sind keine Schleifkontakte erforderlich.

Das drehende Teil besteht lediglich aus dem Läufer (6) mit Polrad und Leitstück. Je sechs Polfinger gleicher Polarität bilden als Nord- bzw. Südpole je eine Polfingerkrone. Nur eine der beiden Polfingerkronen ist direkt mit der Läuferwelle verbunden. Ein unmagnetischer Haltering, der unter den ineinander greifenden Polfingern liegt, hält die beiden Kronen als Klauenpolhälften zusammen.

30 Schaltbild eines Doppel-T1-Generators mit zwei Ständern und zwei Erregersystemen

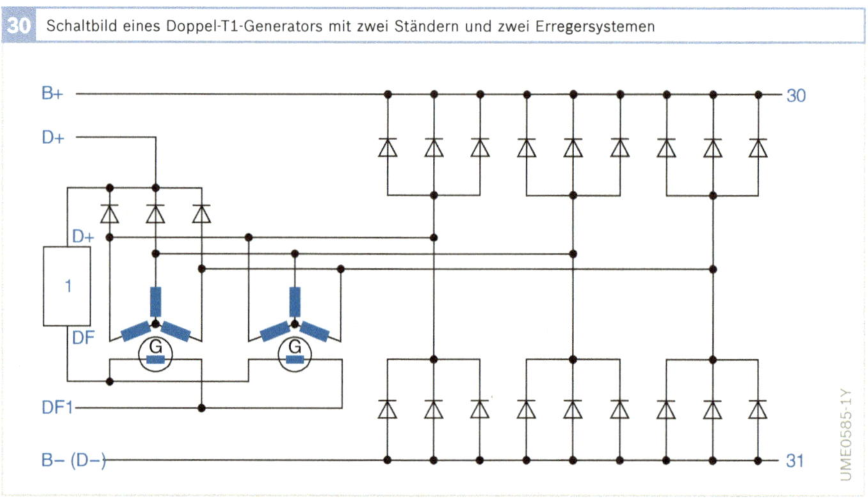

Bild 30
1 Regler

31 Schnittbild eines Doppel-T1-Generators DT1 mit zwei Ständern und zwei Erregersystemen

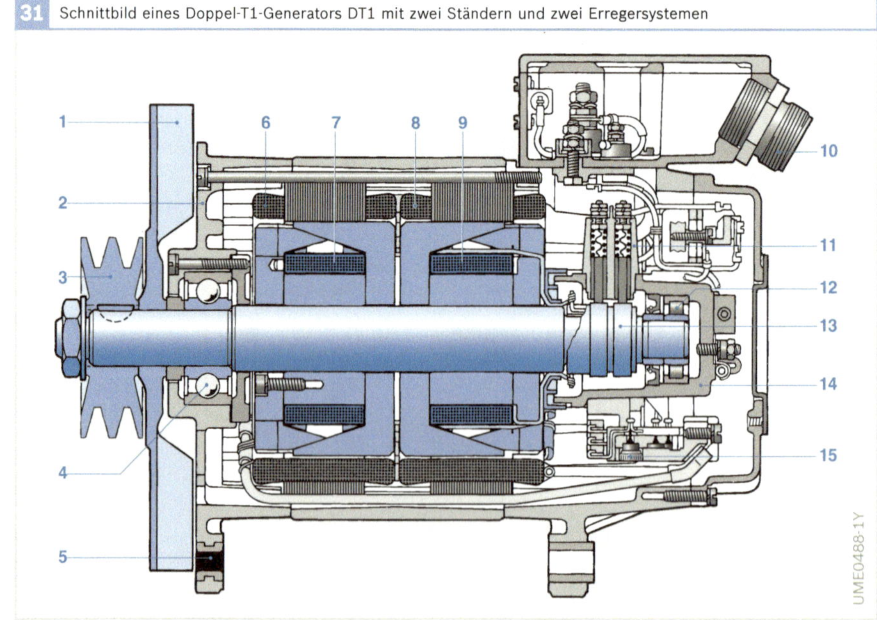

Bild 31
1 Lüfter
2 Antriebslagerschild
3 Riemenscheibe
4 Antriebskugellager
5 Schwenkarm
6 Ständerwicklung 1
7 Erregerwicklung 1 (Läufer)
8 Ständerwicklung 2
9 Erregerwicklung 2 (Läufer)
10 Kabeleinführstutzen
11 Bürstenhalter
12 Schleifringrollenlager
13 Schleifring
14 Schleifringlagerschild
15 Gleichrichterbaugruppe

Der Magnetfluss verläuft vom Polkern des rotierenden Läufers über den feststehenden Innenpol zum Leitstück, dann über dessen Polfinger zum feststehenden Ständerpaket. Über die entgegengesetzt gepolte Klauenhälfte schließt sich der magnetische Kreis im Polkern des Läufers. Der magnetische Fluss muss im Vergleich zum Schleifringläufer zwei zusätzliche Luftspalte zwischen dem umlaufenden Polrad und dem feststehenden Innenpol überwinden.

Durch den Wegfall der Verschleißkomponente Schleifring-Kohle-System sind diese Generatoren insbesondere für Anwendungen geeignet, die eine lange Lebensdauer bei starker Beanspruchung des Generators erfordern, z. B. für Baumaschinen oder Bahngeneratoren.

Der Generator mit Leitstückläufer wird auch in flüssigkeitsgekühlter Bauform ausgeführt. Dadurch wird eine deutliche Reduzierung des Geräusches gegenüber luftgekühlten Generatoren erreicht, da der Generator komplett gekapselt ist und kein Lüfter aerodynamisches Geräusch erzeugt. Das Generatorgehäuse ist an der Mantelfläche und der Rückseite komplett von Motorkühlflüssigkeit umspült. Die elektronischen Komponenten sind auf dem antriebsseitigen Lagerschild montiert.

32 Schnittbild eines Generators mit Leitstückläufer (Beispiel Typ N3)

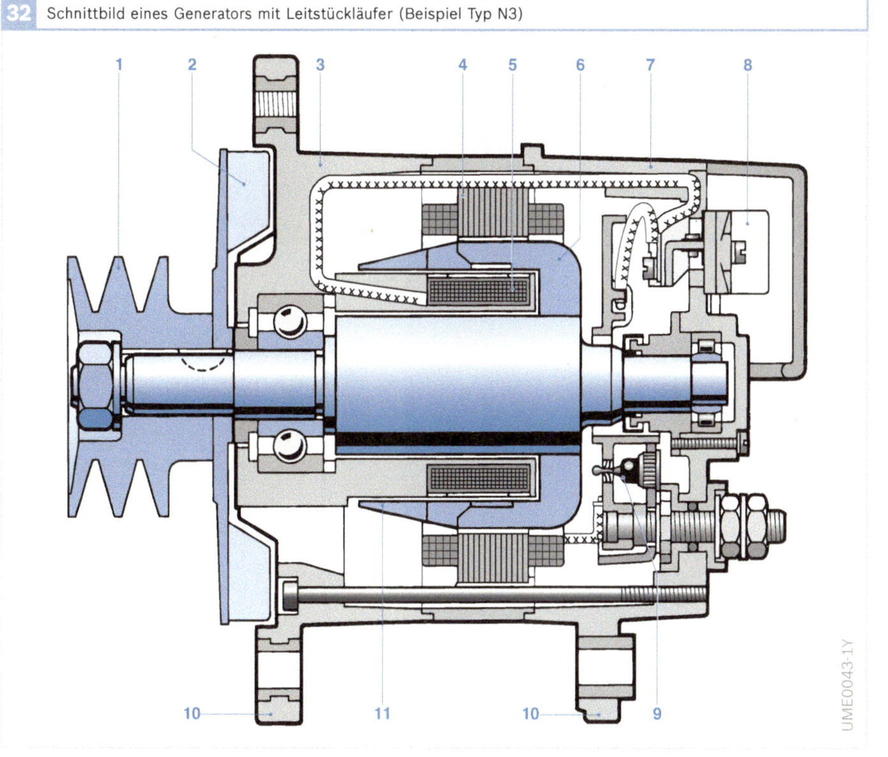

Bild 32

1 Zweirillige Riemenscheibe
2 Lüfter
3 Antriebslagerschild mit feststehendem Innenpol
4 Ständerpaket
5 feststehende Erregerwicklung
6 Leitstückläufer
7 hinteres Lagerschild
8 Anbautransistorregler
9 Leistungsdiode
10 Schwenkarm
11 Leitstück

Einzelpolgeneratoren

In Sonderfällen mit extrem hohem Leistungsbedarf (z. B. bei Reisebussen) ist der Einsatz von Generatoren in Einzelpolbauart erforderlich (Bild 33). Der Läufer hat einzelne, mit je einer Feldwicklung versehene Magnetpole. Diese Bauart ermöglicht eine deutlich größere Länge des Ständers (bezogen auf seinen Durchmesser) als beim Klauenpolgenerator. Dadurch lassen sich bei gleichem Durchmesser größere Leistungen verwirklichen. Die erreichbaren Höchstdrehzahlen sind jedoch gegenüber Klauenpolbauarten reduziert, weil die Läuferwicklungen nicht so gut gegen die Fliehkräfte geschützt sind wie beim Klauenpolprinzip.

Aufgrund des - im Vergleich zum Klauenpolgenerator - wesentlich größeren Erregerstroms sind die Verluste im Regler ebenfalls größer. Deshalb ist der Regler in einem gesonderten Gehäuse vom Generator weggebaut, wo er besser gekühlt werden kann.

33 Schnittbild eines Einzelpolgenerators Typ U2

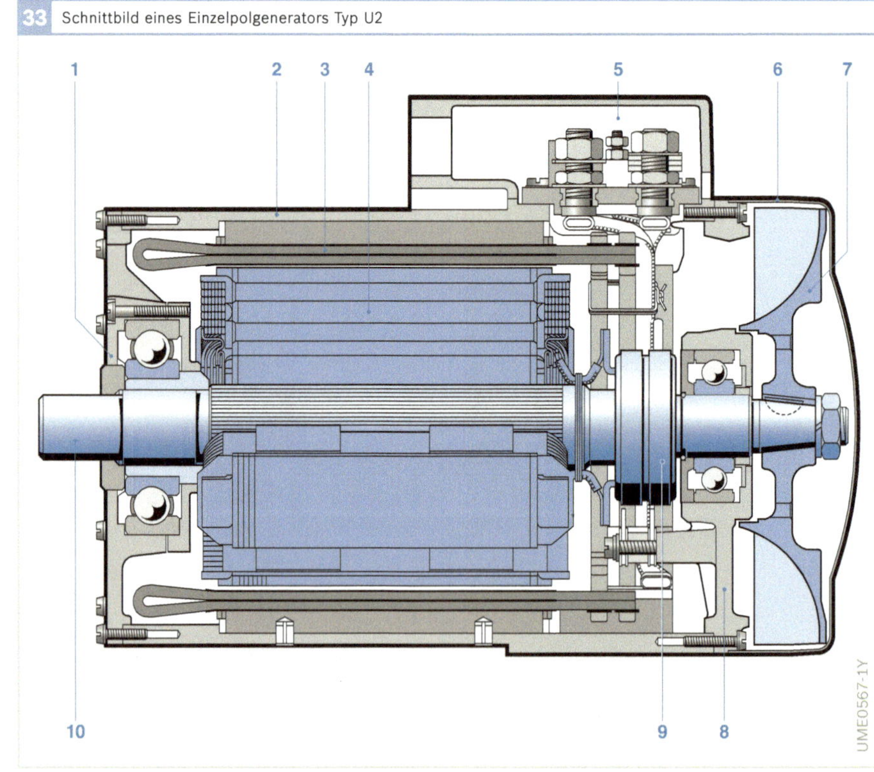

Bild 33
1 Antriebslagerschild
2 Gehäuse
3 Ständerwicklung
4 Läufer
5 Drehstromanschluss (Gleichrichter und Regler [extern])
6 Abdeckklappe
7 Lüfter
8 Schleifringlagerschild
9 Schleifring
10 Antriebswelle

34 Leistungsbedarf der elektrischen Verbraucher im Kfz (Durchschnittswerte)

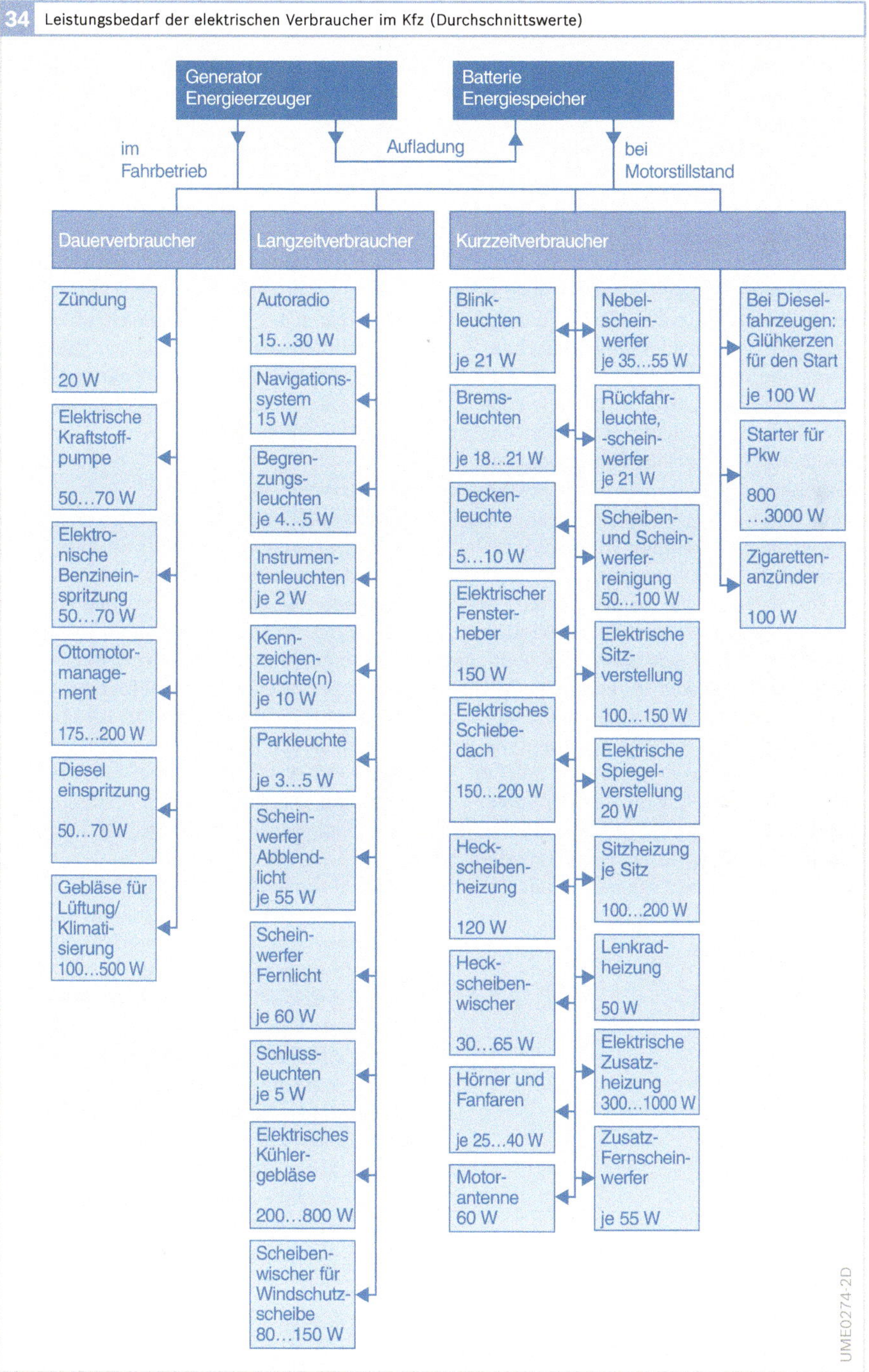

Elektromagnetische Verträglichkeit (EMV) und Funkentstörung

Der Begriff Elektromagnetische Verträglichkeit (EMV) bedeutet, dass ein Gerät zuverlässig funktioniert, auch wenn es elektromagnetischen Feldern ausgesetzt ist. Andererseits dürfen die vom Gerät im Betrieb erzeugten elektromagnetischen Felder nur so stark sein, dass in dessen Umgebung u. a. ein ungestörter Funkempfang möglich ist.

Heutzutage enthält das Fahrzeug eine Vielzahl von Systemen, deren Funktionen von elektrischen oder elektronischen Komponenten ausgeführt werden. Sofern überhaupt vorhanden, wurden früher diese Funktionen ganz oder überwiegend mechanisch ausgeführt. Angesichts der zunehmenden Elektrifizierung im Fahrzeug muss der Elektromagnetischen Verträglichkeit eine immer wichtigere Bedeutung zugemessen werden.

Waren früher die einzigen Funkempfangsgeräte das Autoradio und vielleicht noch Sprechfunkgeräte, werden heute eine große Zahl weiterer Funkempfangsgeräte wie Autotelefone, Navigationssysteme, Diebstahlschutzsysteme mit Funkfernbedienung, Fernsehempfänger, Telefax und PC im Fahrzeug eingebaut und verwendet. Dadurch gewinnt auch die Funkentstörung, also die Sicherstellung des Funkempfangs im Fahrzeug, immer mehr Bedeutung.

EMV-Bereiche

Sender und Empfänger

Das Kraftfahrzeug insgesamt darf nicht durch externe Beeinflussung, z. B. durch die Einstrahlung leistungsstarker Rundfunksender, in seiner Funktion gestört werden. Das heißt, es dürfen keine Funktionsstörungen auftreten, die den sicheren Betrieb des Kraftfahrzeugs beeinträchtigen oder den Fahrer irritieren können. Andererseits darf der ortsfeste Funkempfang durch den Betrieb eines Kraftfahrzeugs nicht gestört werden. Für beide Anforderungen gibt es internationale und nationale Vorschriften (EU-Richtlinie, z. B. StVZO in Deutschland).

Elektrische und elektronische Komponenten

Die elektrischen und elektronischen Komponenten im Kraftfahrzeug, wie z. B. Verstell- und Lüftermotoren, Magnetventile, elektronische Sensoren und Steuergeräte mit Mikroprozessoren, werden in enger räumlicher Nähe zueinander ins Kraftfahrzeug eingebaut und aus einem gemeinsamen Bordnetz versorgt. Dabei muss sichergestellt werden, dass die Rückwirkung der Systeme untereinander nicht zu unzulässigen Fehlfunktionen führen.

Bordelektronik

Die Geräte der mobilen Kommunikation, wie das Autoradio, sind ebenfalls eng mit den Komponenten der Kraftfahrzeugelektronik gekoppelt. Sie werden über dasselbe Bordnetz versorgt, und ihre Empfangsantennen befinden sich unmittelbar in der Umgebung der möglichen Störquellen. Daher muss die Störaussendung der Bordnetzelektronik begrenzt werden. Die gesetzlichen Anforderungen müssen erfüllt werden, und es muss trotz ungünstiger Empfangssituation ein störungsfreier Empfang im Kraftfahrzeug möglich sein.

EMV zwischen verschiedenen Systemen im Kraftfahrzeug

Gemeinsames Bordnetz

Die Spannungsversorgung der verschiedenen elektrischen Systeme im Fahrzeug erfolgt aus einem gemeinsamen Bordnetz, wobei die einzelnen Leitungen der einzelnen Systeme häufig in einem gemeinsamen Kabelbaum geführt werden. Dadurch können Rückwirkungen von einem System unmittelbar an die Ein- bzw. Ausgänge eines anderen Systems gelangen (Bild 1).

Zu solchen Rückwirkungen gehören u. a. impulsförmige Signale (stoßartige steile Strom- und Spannungsanstiege), die beim Ein- und Ausschalten von elektrischen Komponenten wie Elektromotoren, elektromagnetischen Ventilen und Stellern, aber auch bei der Hochspannungszündung entstehen. Diese impulsförmigen Signale können sich ebenso wie andere Störsignale (z. B. Welligkeit der Spannungsversorgung) über den Kabelbaum ausbreiten und entweder leitungsgebunden über gemeinsame Stromleiter wie die Stromversorgung (galvanische Kopplung) oder durch kapazitive und induktive Kopplung zu den Ein- bzw. Ausgängen der benachbarten Systeme gelangen.

Galvanische Kopplung

Fließen die Ströme von zwei unterschiedlichen Stromkreisen (z. B. der Stromkreis zur Ansteuerung eines Magnetventils und der Stromkreis zur Auswertung eines Sensors) über gemeinsame Leiter, z. B. bei gemeinsamer Rückleitung über die Fahrzeugkarosserie, erzeugen beide Ströme in dem stets wirksamen Leitungswiderstand der gemeinsamen Leitung eine Spannung (Bild 2a, nächste Seite). Dadurch wirkt z. B. die von der Spannungsquelle u_1 (Störquelle) hervorgerufene Spannung wie eine zusätzliche Signalspannung im Signalkreis 2 und kann zu einer Fehlauswertung des Sensorsignals führen. Abhilfe kann dadurch erreicht werden, dass für jeden Stromkreis eine eigene Rückleitung vorgesehen wird (Bild 2b, nächste Seite).

1 Gegenseitige Beeinflussung zweier Systeme über das gemeinsame Bordnetz (A) und über den gemeinsamen Kabelbaum (B und C)

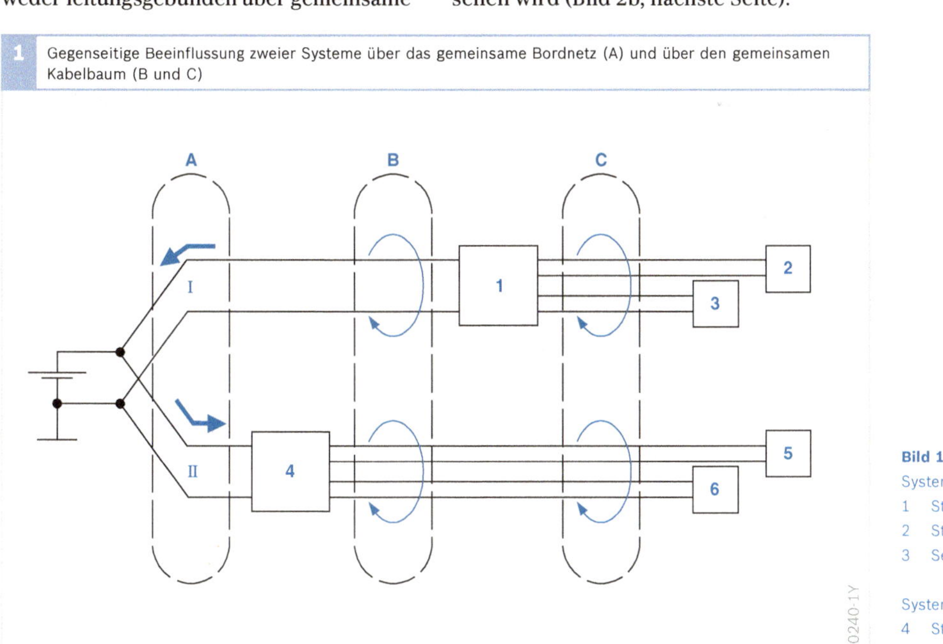

Bild 1
System I:
1 Steuergerät
2 Stellglied
3 Sensor

System II:
4 Steuergerät
5 Stellglied
6 Sensor

Kapazitive Kopplung

Zeitlich veränderliche Signale, wie Impulsspannungen und sinusförmige Wechselspannungen, können wegen der zwischen Leitern wirksamen Kapazitäten auch dann, wenn keine leitfähige Verbindung besteht, auf benachbarte Stromkreise überkoppeln (Bild 3). Je näher die Leiter beieinanderliegen und je steiler die impulsförmigen Spannungsänderungen verlaufen, bzw. je höher die Frequenz der Wechselspannung ist, desto höher ist die übergekoppelte (Stör-)Spannung. Abhilfe bringt daher in erster Linie, die Leiter voneinander zu trennen und die Signalanstiegs- und -abfallzeiten zu vergrößern, bzw. die Frequenzen der Wechselspannungen auf das für die Funktion notwendige Maß zu begrenzen.

Induktive Kopplung

Liegen zwei Stromschleifen nebeneinander, können zeitlich veränderliche Ströme in dem einen Kreis Spannungen im anderen Kreis induzieren. Diese Spannungen erzeugen in diesem Sekundärkreis wiederum Ströme (Bild 4). Nach diesem Prinzip funktioniert der Transformator. Maßgeblich für die Überkopplung sind zum einen – wie auch bei der kapazitiven Kopplung – die Signalanstiegs- und -abfallzeiten bzw. die Frequenz bei Wechselspannungen. Zum anderen spielt die wirksame Gegeninduktivität, die u. a. von der Größe der Schleifen und ihrer Lage zueinander abhängt, eine wichtige Rolle. Zur Abhilfe gegen die induktive Kopplung werden die Stromkreisschleifen klein gehalten, die kritischen Schleifen voneinander getrennt und parallele Schleifenführung vermieden. Die induktive Kopplung ist besonders auch im Bereich niederfrequenter Signale wirksam (z. B. bei der Einkopplung in Lautsprecherleitungen).

2 Galvanische Kopplung von Störsignalen

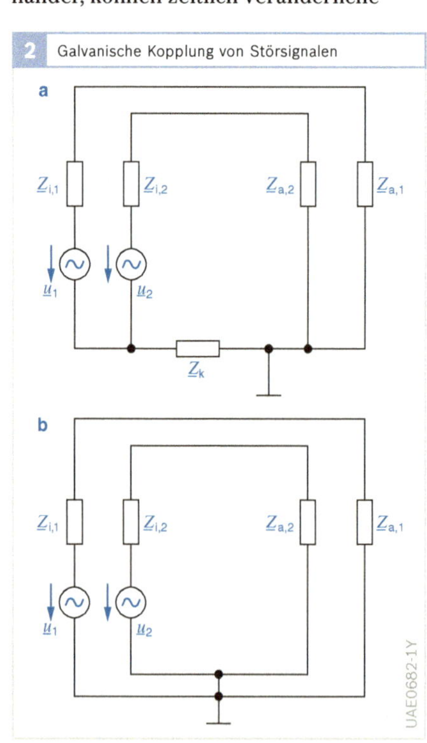

Bild 2
a Stromkreis mit gemeinsamen Rückleiter
b Stromkreis mit getrennten Rückleitern

u_1, u_2 Spannungsquelle
Z_i Innenwiderstand
Z_a Abschlusswiderstand

3 Kapazitive Kopplung von Störsignalen

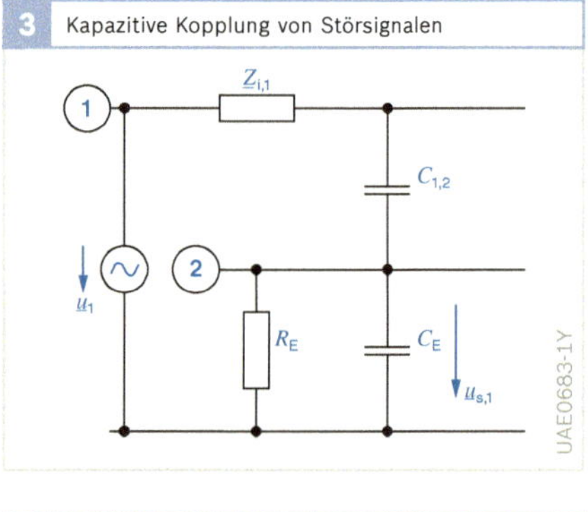

Bild 3
1 Stromkreis 1
2 Stromkreis 2

u_1 Spannungsquelle
Z_i Innenwiderstand
R_E Eingangswiderstand
C_E Eingangskapazität
$C_{1,2}$ Kapazität zwischen beiden Leitern
u_s Störspannung

4 Induktive Kopplung von Störsignalen

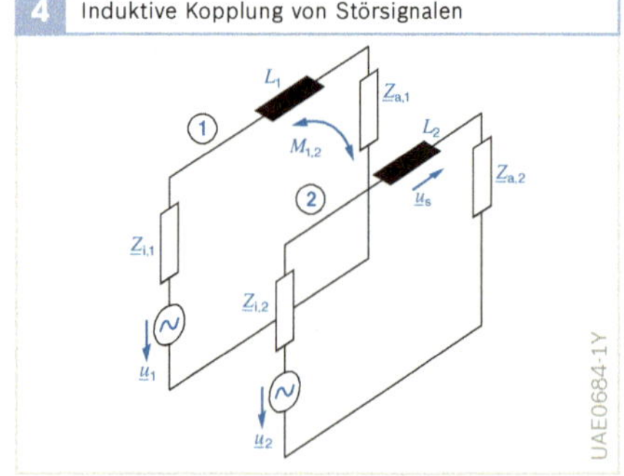

Bild 4
1 Stromkreis 1
2 Stromkreis 2

u_1 Spannungsquelle
u_2 Spannungsquelle
Z_i Innenwiderstand
Z_a Abschlusswiderstand
L_1, L_2 Induktivität der Leiter
$M_{1,2}$ induktive Kopplung
u_s Störspannung

Impulse im Bordnetz

Zur Beherrschung der impulsförmigen Störungen im Bordnetz werden einerseits die von den Störquellen ausgesendeten Störamplituden begrenzt. Andererseits werden die Störsenken – also die elektronischen Komponenten – so ausgelegt, dass sie durch Impulse bestimmter Form und Amplitude nicht gestört werden können. Dazu wurden die im Kraftfahrzeugbordnetz auftretenden Impulse zusammengefasst und klassifiziert (Tabelle 1). Durch spezielle Prüfimpulsgeneratoren können die in Tabelle 1 beschriebenen Impulse erzeugt werden und somit die Störsenken auf ihre Störfestigkeit gegenüber diesen Impulsen überprüft werden. Die Störimpulse und die entsprechende Prüftechnik sind in Normen festgelegt (DIN 40 839, Teil 1; ISO 7637, part 1), in denen auch die Messtechnik für die Beurteilung der Störaussendung der impulsförmigen Störungen beschrieben wird. Die nach den Amplituden der Impulse gestaffelte Klasseneinteilung erlaubt die optimale Abstimmung von Störquellen und Störsenken für jedes Fahrzeug. Die Abstimmung kann beispielsweise so erfolgen, dass für alle Störquellen eines Fahrzeugs die Klasse II vorgeschrieben wird und alle Störsenken (z. B. Steuergeräte) – unter Einbeziehung eines Sicherheitsabstands – für Klasse III ausgelegt werden. Eine Verschiebung zu den Klassen I oder II ist dann angebracht, wenn die Entstörung der Quellen günstiger oder mit geringerem technischen Aufwand möglich ist, als die Verbesserung der Störfestigkeit der Senken. Sind umgekehrt Schutzmaßnahmen bei den Störsenken einfach und kostengünstig zu erreichen, so ist eine Verschiebung zu den Klassen III oder IV sinnvoll.

Wegen der Verlegung der verschiedenen Leitungen in einem gemeinsamen Kabelbaum kommt es zu induktiven und kapazitiven Überkopplungen. Die auf den Versorgungsleitungen auftretenden impulsförmigen Spannungen können dadurch in abgeschwächter Form auch an den Signaleingängen und Steuerausgängen der benachbarten Systeme wirksam werden. In der Prüftechnik (DIN 40 839, Teil 3; ISO 7637, part 3) wird die Überkopplung im Kabelbaum dadurch nachgebildet, dass in einer standardisierten Leitungsersatzanordnung (kapazitive Koppelzange) mit

1 Gegenseitige Beeinflussung der Spannungsversorgung

Prüfimpulse nach DIN 40839, Teil 1				Klassifizierung der zulässigen Impulsamplituden			
Impulsform	Ursache	Innenwiderstand	Impulsdauer	I	II	III	IV
1	Abschalten induktiver Verbraucher	10 Ω	2 ms	–25 V	–50 V	–75 V	–100 V
2	Abschalten motorischer Verbraucher	10 Ω	50 µs	+25 V	+50 V	+75 V	+100 V
3a	Steile Überspannungen	50 Ω	0,1 µs	–40 V	–75 V	–110 V	–150 V
3b				+25 V	+50 V	+75 V	+100 V
4	Spannungsverlauf während Startvorgangs	10 mΩ	bis 20 s	12 V –3 V	12 V –5 V	12 V –6 V	12 V –7 V
5	Lastabwurf des Generators [1])	1 Ω	bis 400 ms	+35 V	+50 V	+80 V	+120 V

Tabelle 1

[1]) „Lastabwurf" (engl.: load dump), d. h., der Generator lädt die Batterie mit großem Strom und die Verbindung zur Batterie bricht plötzlich ab.

definierter Leitungskapazität die entsprechenden Prüfimpulse eingekoppelt werden und über den Kabelbaum des Prüflings auf die Signal- und Steuerleitungen überkoppeln. Die Auswirkungen von niederfrequenten Bordnetzwelligkeiten können dadurch simuliert werden, dass die entsprechenden Signale mit Signalgeneratoren erzeugt und über Stromzangen induktiv auf den Kabelbaum eingekoppelt werden. Auch hierbei muss eine Abstimmung zwischen den zulässigen Störaussendungsamplituden und der Störfestigkeit der Störsenken, ähnlich wie zuvor beschrieben, vorgenommen werden.

Rückwirkung hochfrequenter Signale im Bordnetz auf den mobilen Funkempfang
Zu den unerwünschten Rückwirkungen im Bordnetz gehören, neben den Impulsen und anderen Störsignalen, die benachbarte elektronische Systeme stören können, auch hochfrequente Signale. Diese Signale können durch periodisch auftretende Schaltvorgänge, wie die Hochspannungszündung, die Kommutierung in Gleichstrommotoren und besonders auch durch die Taktsignale beim Betrieb eines Steuergeräts mit Mikroprozessoren entstehen. Diese Signale können in den Empfangsgeräten der mobilen Kommuni-

5 Abhängigkeit der Spannungsamplitude

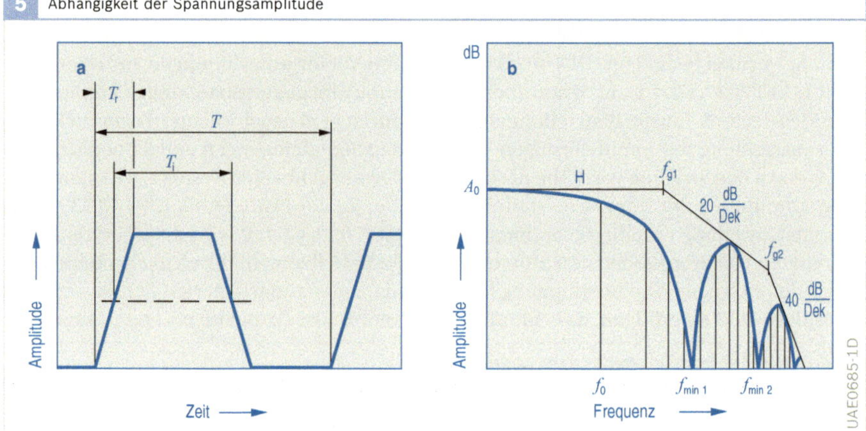

Bild 5
a Abhängigkeit von der Zeit
b Abhängigkeit von der Frequenz

T Periodendauer
T_r Anstiegszeit
T_i Impulsdauer
$f_0 = T^{-1}$ Grundwelle
f_g Eckfrequenzen
f_{min} Periodische Minima
H Hüllkurve

6 Spektrum eines Störsignals

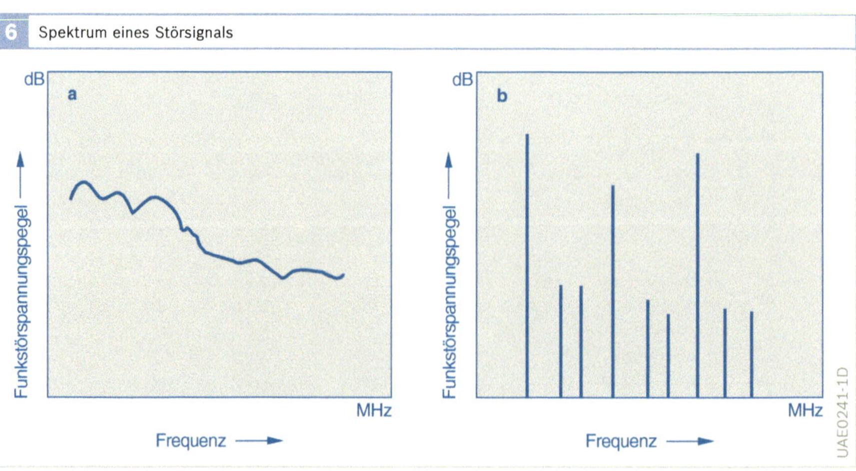

Bild 6
a Breitbandstörung
b Schmalbandstörung

kation Störungen hervorrufen, die einen Funkempfang stark beeinträchtigen oder gar unmöglich machen.

Spektrum

Bei der Betrachtung der Bordnetzimpulse wird meist das Verhalten von Strom oder Spannung in Abhängigkeit von der Zeit betrachtet (Bild 5a). Bei der Beurteilung der Störsignale in Bezug auf den Funkempfang wird meist die Amplitude des Störsignals bei einer bestimmten Frequenz betrachtet (Bild 5b). Allgemein gilt, dass es sich bei den im Kraftfahrzeug auftretenden Störsignalen meist nicht um einzelne sinusförmige Schwingungen handelt, die durch eine einzige Frequenz mit zugehöriger Amplitude zu beschreiben wären, sondern um die Überlagerung vieler Teilschwingungen unterschiedlicher Frequenz und Amplitude. Das „Spektrum" eines Störsignals ist die Darstellung der Amplitude in Abhängigkeit von der Frequenz und erlaubt die Beurteilung der Störwirkung in den verschiedenen Funkbereichen (Bild 6a und 6b). Die Tabelle 4 (s. Abschnitt „Entstörklassen") enthält die wichtigsten Funkbereiche, die im Fahrzeug Verwendung finden.

Die Störsignale werden in der Störmesstechnik bezüglich ihrer Signalcharakteristik in Breit- und Schmalbandstörungen unterschieden: Weist das Spektrum einen kontinuierlichen Verlauf auf (Bild 6a), spricht man von einer Breitbandstörung und bezeichnet die zugehörige Störquelle als Breitbandstörer. Treten hingegen einzelne Nadeln, also ein „Linienspektrum" auf, bezeichnet man die verursachenden Störquellen als Schmalbandstörer und dessen Störungen als Schmalbandstörungen (Bild 6b).

Die Unterteilung ist zunächst willkürlich. Ob eine Störquelle als Breitbandstörer oder Schmalbandstörer zu betrachten ist, hängt nämlich auch von den Empfangseigenschaften der Störsenken und damit auch von den Empfängereigenschaften des Messgeräts ab, mit dem die Störungen gemessen werden.

Zum Erfassen von Funkstörungen verwendet man einen selektiven Messempfänger oder Spektrumanalysator. Das bedeutet, dass durch das Messgerät in einem bestimmten engen Frequenzband (Bandbreite des Empfängers), ähnlich wie bei einem Rundfunkempfänger oder Funkgerät, die Signalamplitude gemessen wird. Der gesamte interessierende Frequenzbereich wird dadurch erfasst, dass der Messempfänger unter Beibehaltung der Eingangsbandbreite – wiederum ähnlich wie beim Abstimmvorgang (Sendersuchlauf) eines Rundfunkempfängers – entweder kontinuierlich oder Schritt für Schritt die Empfangsfrequenz verändert.

Ist nun die Wiederholfrequenz des Störsignals kleiner als die Messbandbreite, entsteht das kontinuierliche Signal der Breitbandstörung. Ist die Wiederholfrequenz hingegen höher als die Messbandbreite, so trifft der Messempfänger auf Lücken im Spektrum, und es entsteht das typische Linienspektrum eines Schmalbandstörers.

Elektromotoren sind zum Beispiel Breitbandstörer: die Kommutierungsvorgänge treten in Abhängigkeit von der Drehzahl und der Polzahl des Motors mit einer Wiederholfrequenz von wenigen 100 Hz auf. Das ergibt bei einer Messbandbreite von z. B. 120 kHz (Bandbreite entspricht der Empfängerbandbreite eines UKW-Rundfunkempfängers) ein kontinuierliches Spektrum. Ein Taktsignal mit 2 MHz Taktfrequenz, das z. B. in einem Steuergerät mit Mikroprozessor auftreten kann, erzeugt hingegen bei gleicher Messbandbreite das typische Linienspektrum der Schmalbandstörung (Wiederholfrequenz des Störsignals ist größer als Messbandbreite).

Typische Breitbandstörer sind alle Elektromotoren wie Lüftermotor, Scheibenwischermotor, Verstellmotor, Kraftstoffpumpe und der Bordnetzgenerator, aber auch die Hochspannungszündung. Daneben wirken sich aber auch niederfrequente Taktsignale von Schaltnetzteilen u.ä. wie Breitbandstörer aus. Zu den Schmalbandstörquellen gehören die Mikroprozessoren in den Steuergeräten und andere hochfrequent getaktete Signalquellen.

Auch die in den Funkempfängern wirksamen Störsignale können leitungsgebunden (z.B. über den Stromversorgungsanschluss des Empfängers) oder durch kapazitive und induktive Kopplung im Kabelbaum über die Signaleingänge und -ausgänge in das Empfangsteil gelangen. Meist aber erfolgt die Störbeeinflussung direkt über den Antenneneingang, entweder durch Einkopplung in das Antennenkabel oder dadurch, dass über die Antenne das von den Störquellen abgestrahlte elektromagnetische Feld empfangen wird. Als Sendeantenne wirkt besonders der Kabelbaum. Dabei haben auch die Karosseriestruktur sowie Typ und Einbauort der Antenne Einfluss auf die empfangenen Störsignalamplituden.

Messung der Störeinstrahlung

In der Messtechnik (DIN 57 879/VDE 0879 Teil 2 und 3; CISPR 25) werden die ausgesandten Störungen entweder leitungsgebunden oder über Antennen erfasst. Bei der Untersuchung einzelner Komponenten in Laboraufbauten werden diese in einem geeigneten Schirmraum in

7 Prinzipschaltplan der Kfz-Bordnetznachbildung

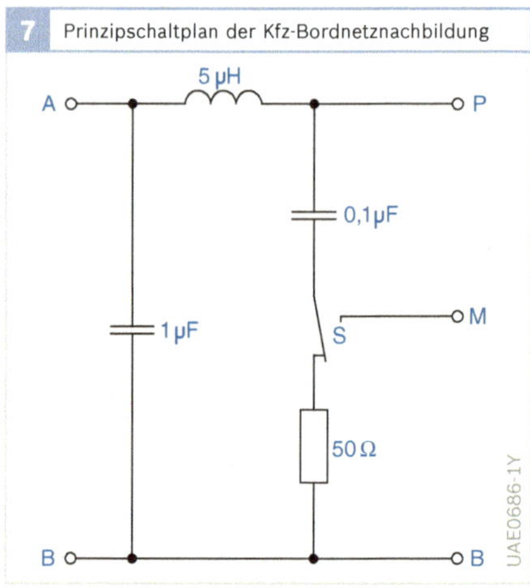

Bild 7
Anschlüsse:
P-B Prüfung
A-B Stromversorgung
M-B Funkstörmessempfänger
S Schalter
B Bezugsmasse (Bleckplatte, Schirmung der Bordnetznachbildung

Tabelle 2

2 Zulässige Funkstörspannung in dBµV der Entstörgrade in den einzelnen Frequenzbereichen nach CISPR 25 bzw. DIN/VDE 0879-2 für Breitbandstörungen (B) und Schmalbandstörungen (S)

Entstörgrade	Funkstörspannungspegel									
	0,15...0,3 MHz (LW)		0,53...2,0 MHz (MW)		5,9...6,2 MHz (KW)		30...54 MHz		70...108 MHz (UKW)	
	B	S	B	S	B	S	B	S	B	S
1	100	90	82	66	64	57	64	52	48	42
2	90	80	74	58	58	51	58	46	42	36
3	80	70	66	50	52	45	52	40	36	30
4	70	60	58	42	46	39	46	34	30	24
5	60	50	50	34	40	33	40	28	24	18

Tabelle 3

3 Zulässige Funkstörfeldstärke in dBµV/m der Entstörgrade in den einzelnen Frequenzbereichen nach DIN/VDE 0879, Teil 2 bzw. CISPR 25 für Breitbandstörer gemessen mit Quasi-Peak-Detektor (B) und Schmalbandstörungen mit Peak-Detektor (S).

Entstörgrade	Funkstörfeldstärkpegel																	
	0,15...0,3 MHz (LW)		0,53...2,0 MHz (MW)		5,9...6,2 MHz (KW)		30...54 MHz		68...87 MHz		76...108 MHz (UKW)		142...175 MHz		380...512 MHz		820...960 MHz	
	B	S	B	S	B	S	B	S	B	S	B	S	B	S	B	S	B	S
1	83	61	70	50	47	46	47	46	36	36	36	42	36	36	43	43	49	49
2	73	51	62	42	41	40	41	40	30	30	30	36	30	30	37	37	43	43
3	63	41	54	34	35	34	35	34	24	24	24	30	24	24	31	31	37	37
4	53	31	46	26	29	28	29	28	18	18	18	24	18	18	25	25	31	31
5	43	21	38	18	23	22	23	22	12	12	12	18	12	12	19	19	25	25

standardisierten Messaufbauten betrieben und die Störungen mit einem Messempfänger gemessen. Um reproduzierbare Messergebnisse zu erhalten, muss die Messanordnung genau definiert werden. Dazu werden Leitungslängen und andere geometrische Abmessungen festgelegt. Die Spannungsversorgung muss aus einem genau definierten Bordnetz erfolgen. Daher wird der Prüfling im Labor über eine Kfz-Bordnetznachbildung (Bild 7) versorgt.

Entstörklassen

Ähnlich wie bei den Bordnetzimpulsen wurde auch für die Schmal- und Breitbandstörungen eine Einteilung in verschiedene Entstörklassen vorgenommen. Diese Einteilung erlaubt eine Abstimmung auf den jeweiligen Anwendungsfall. So werden meist an Störquellen, die nur kurzzeitig und sehr selten betrieben werden, niedrigere Anforderungen gestellt als an dauernd betriebene Komponenten wie den Bordnetzgenerator. Die zulässigen Funkstörspannungspegel nach CISPR 25 bzw. DIN/VDE 0879-2 sind in Tabelle 2 zusammengestellt. Tabelle 3 gib die zulässigen Störfeldstärken für Abstrahlmessungen mit Antennen an.

Besonders unangenehm in Bezug auf den Funkempfang sind die schmalbandigen Störungen, wie sie durch die Taktsignale der Steuergeräte hervorgerufen werden. Diese Störsignale treten dauernd auf (Steuergeräte sind in der Regel ab dem Einschalten der Zündung in Betrieb) und können in einem Funkempfänger nicht von Nutzsignalen, die von Sendern herrühren, unterschieden werden. Sie machen dadurch den Empfang schwächerer Sender unmöglich. Das wurde auch bei der Festlegung der Entstörklassen berücksichtigt. Für Schmalbandstörungen werden für die gleiche Entstörklasse kleinere zulässige Störpegel als für Breitbandstörer angegeben.

Da auch die Fahrzeugkonfiguration einen erheblichen Einfluss auf den Empfang von Sendern im Autoradio und in anderen Funkempfängern hat, muss im Fahrzeug überprüft werden, ob die im Labor erreichte Entstörung im Fahrzeug ausreicht. Dazu wird die Antennenspannung am Ende des Antennenkabels gemessen, also dort, wo nachher der jeweilige Funkempfänger angeschlossen wird.

Auch für die mit dieser Messmethode gemessene Störspannung sind in CISPR 25 Grenzwerte angegeben (Tabelle 4). Die dort angegebenen Spannungspegel berücksichtigen die ungünstige Empfangssituation im Kraftfahrzeug. Die Nutzsignale betragen nur wenige µV und schwanken wegen der Bewegung des Fahrzeugs und wegen des Mehrwege-Empfangs infolge von Reflexionen sehr stark.

4 Grenzwerte für die zulässigen Störspannungen an der Fahrzeugantenne in dBµV

Frequenzband	Frequenz	kontinuierliche Breitbandstörung		kurzzeitige Breitbandstörung		Schmalbandstörung
	MHz	QP-B	B	QP-B	B	S
LW	0,14...0,30	9	22	15	28	6
MW	0,53...2,0	6	19	15	28	0
KW	5,9...6,2	6	19	6	19	0
Funkdienst	30...54	6 (15*)	28	15	28	0
Funkdienst	70...87	6 (15*)	28	15	28	0
UKW	87...108	6 (15*)	28	15	28	6
Funkdienst	144...172	6 (15*)	28	15	28	0
Autotelefon C-Nezt	420...512	6 (15*)	28	15	28	0
Autotelefon D-Netz	800...1000	6 (15*)	28	15	28	0

Tabelle 4
QP-B Quasi-Peak Detektor, gibt hörrichtigen Eindruck einer Störung wieder
B Breitbandstörer mit Peak-Detektor, gibt Maximalpegel an
S Schmalbandstörer mit Peak-Detektor, gibt Maximalpegel an
* Grenzwerte für die Hochspannungszündung

Störungen durch elektrostatische Aufladungen

Elektronische Bauelemente können durch die Entladung elektrostatischer Aufladungen (ESD, Electrostatic Discharge) gestört oder gar zerstört werden. Die bei solchen Entladevorgängen auftretenden Spannungen können einige tausend Volt betragen, wodurch auch sehr hohe impulsförmige Ströme auftreten. Daher müssen entsprechende Maßnahmen getroffen werden, die die zerstörende Auswirkung oder noch besser die Aufladungen verhindern. Besonders gefährdet sind elektronische Komponenten, die im Fahrzeug von Personen berührt werden können.

Zur Überprüfung der Auswirkung elektrostatischer Entladungen sind in der Norm ISO TR 10605 Messverfahren für die Prüfung der Störfestigkeit elektronischer Komponenten im Labor und im Fahrzeug angegeben. Dabei werden jeweils mit einem geeigneten ESD-Prüfimpulsgenerator, meist in Pistolenform, Hochspannungsimpulse erzeugt und auf die zu prüfende Komponente eingekoppelt.

1 Breitband- und Schmalbandgrenzwerte für Fahrzeuge bei einer Messentfernung von 10 m

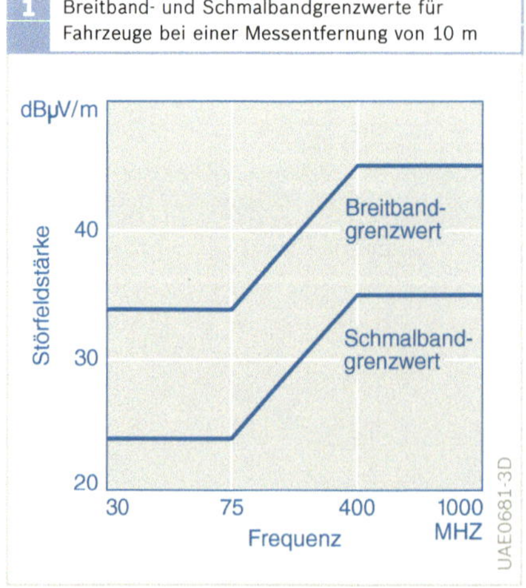

EMV zwischen Fahrzeug und Umgebung

Seit Anfang 1996 gilt eine gesetzliche Vorschrift, die für das Kraftfahrzeug die Anforderungen bezüglich der zulässigen Störaussendung im Hinblick auf den ortsfesten (Rund-)Funkempfang regelt und die erforderliche Störfestigkeit gegenüber externen elektromagnetischen Feldern festlegt. Diese Richtlinie (Europäische Richtlinie 95/54/EG) löste eine frühere Richtlinie ab, in der lediglich die zulässige Störaussendung geregelt war und legt die Vorgehensweise für die Typgenehmigung bezüglich EMV für Kraftfahrzeuge fest.

Störaussendung

Damit das Kraftfahrzeug die Übertragung von Rundfunk, Fernsehen und Funkdiensten nicht beeinträchtigt, darf die von ihm ausgesandte Strahlung (Abstrahlung) die Grenzwerte für schmal- und breitbandige Signale (Bild 1) nicht überschreiten. Die zulässigen Grenzwerte sind in der oben angegebenen Richtlinie 95/54/EG und in den Normen VDE 0879 Teil 1 bzw. CISPR 12 angegeben. Die Messung erfolgt in definierter Entfernung vom Fahrzeug (10 m bzw. 3 m) mit Antennen.

Die Einzelheiten des Messverfahrens sind in den zitierten Vorschriften beschrieben.

In der Praxis ist für die höchste Störabstrahlung meist die Zündanlage maßgeblich. Da jedoch zur Sicherstellung des Funkempfangs im Fahrzeug umfangreiche Maßnahmen getroffen werden, ist die Störaussendung bereits so weit begrenzt, dass die gesetzlich vorgeschriebenen Grenzwerte meist deutlich unterschritten werden.

Einstrahlung

Fährt ein Kraftfahrzeug durch das Nahfeld eines starken Senders, so dringt das Feld durch Schlitze und Öffnungen der Karosserie und wirkt auf die sich darunter befindlichen elektrischen Systeme ein. Die

Stärke dieser Einwirkung (Einstrahlung) hängt maßgeblich vom Einbauort der Komponenten, der Karosserie und dem Kabelbaum ab.

Fahrzeugmessungen

Um nachzuweisen, dass die elektronischen Systeme auch unter solchen Bedingungen störungsfrei funktionieren, musste früher mit dem Kraftfahrzeug die Umgebung verschiedener Sender aufgesucht werden. Jetzt stehen dafür auch speziell für diesen Zweck geeignete Messräume zur Verfügung.

Damit das elektromagnetische Feld, das innerhalb solcher Räume erzeugt wird, nicht nach außen dringt, muss der Raum mit einer metallischen Hülle versehen (geschirmt) sein. Um zu verhindern, dass sich dadurch im Innern stehende Wellen ausbilden, d. h. Schwingungsknoten und Schwingungsbäuche auftreten und dadurch die Feldstärke von Messpunkt zu Messpunkt stark schwankt, müssen die Räume darüber hinaus mit Absorbern ausgekleidet sein.

Das Verhalten der elektrischen Systeme am Kfz in ihrer Gesamtheit unter Praxisbedingungen wird in der Absorberhalle untersucht. In der Bosch-Absorberhalle (Bild 2) können Hochfrequenzfelder im Frequenzbereich von 10 kHz...18 GHz erzeugt werden. Die maximale Feldstärke liegt bei E_{max} = 200 V/m. Solche Feldstärken sind gesundheitsgefährdend; das Testfahrzeug wird daher von einem abgeschirmten Raum aus ferngesteuert und per Videokamera überwacht. Die Halle ist zur Schirmung mit Metallplatten verkleidet. Der Innenausbau der Halle besteht aus nicht leitfähigen Stoffen (Holz und Kunststoff), um die Messungen nicht durch metallische Teile zu beeinflussen. Die pyramidenförmigen Absorber aus grafitgefülltem Polyurethanschaum bedecken zudem Wände und Decke, um die Reflexionen und stehenden Wellen zu unterdrücken.

Das zu testende Fahrzeug wird auf einem Rollenprüfstand betrieben, der die Simulation von Fahrgeschwindigkeiten bis zu 200 km/h zulässt. Ein Gebläse kann bis

2 Messungen der Einstrahlfestigkeit elektrischer Systeme am Kraftfahrzeug in der EMV-Absorberhalle

zu 40 000 m^3/h Luft über den Wagen leiten; dies entspricht einer Windgeschwindigkeit von ca. 80 km/h.

Gegenüber Messungen im Freien in der Nähe von Sendern bieten Messungen in der Halle u. a. den Vorteil, dass sich sowohl Frequenz als auch Feldstärke stark variieren lassen. Dadurch kann die Einstrahlfestigkeit eines Kfz nicht nur bei wenigen Frequenzen und Feldstärken beurteilt werden. Durch Aussteuern des Feldes bis an die Funktionsgrenze der Elektronik ist auch Aufschluss über Sicherheitsabstände zu den Grenzwerten zu erhalten.

Die Einzelheiten des Messverfahrens für die Störfestigkeit von gesamten Fahrzeugen werden in DIN 40 839 Teil 4 sowie neben weiteren Sondermessverfahren in ISO 11452 part 1-4 beschrieben.

Labormessungen

So aussagekräftig die Einstrahlmessungen am Fahrzeug auch sind, sie haben den Nachteil, dass sie erst durchgeführt werden können, wenn die Entwicklung des Fahrzeugs und seiner Elektronik sehr weit fortgeschritten ist. Sollte sich dann herausstellen, dass die Einstrahlfestigkeit nicht befriedigend ist, sind die Eingriffsmöglichkeiten stark eingeschränkt.

Deshalb will man schon in einem frühen Entwicklungsstadium eines elektronischen Systems wissen, wie sich dieses System später bei seinem Einsatz im Fahrzeug verhalten wird, um falls notwendig entsprechende Maßnahmen ergreifen zu können. Dafür haben sich verschiedene Testverfahren herauskristallisiert.

Mit den ersten drei im Folgenden beschriebenen Verfahren werden leitungsgeführte Störwellen auf den Kabelbaum eines zu untersuchenden Systems eingekoppelt. Für den Frequenzbereich > 400 MHz können diese Testanordnungen nur noch eingeschränkt verwendet werden. Daher wird für den Frequenzbereich > 400 MHz ein Verfahren eingesetzt, bei dem elektromagnetische Felder direkt über Antennen auf standardisierte Tischaufbauten eingestrahlt werden.

Die Einzelheiten der unten angegebenen Messmethoden sind in DIN 40 839 Teil 4 und in ISO 11 452 part 1-7 festgelegt (zusätzlich werden darin weitere Verfahren mit geringerer Verbreitung beschrieben).

Mit allen diesen Methoden wird ein genaues Bild der Einstrahlfestigkeit des zu beurteilenden Systems gewonnen, wodurch bereits während der Entwicklungsphase eine Verbesserung der Störfestigkeit erreicht werden kann. Wegen diesem Vorteil sind diese Labormessverfahren aus dem Entwicklungsprozess nicht mehr wegzudenken.

Da jedoch neben der Auslegung eines elektrischen Systems auch der Einbau der Komponenten im Fahrzeug und die Verlegung des Kabelbaums erheblichen Einfluss auf die Störfestigkeit haben können, muss abschließend das Ergebnis aus der Labormessung in der Absorberhalle am Serienfahrzeug bestätigt werden.

Stripline-Verfahren (Bilder 3 und 4)

Die Bezeichnung „Stripline“ bezieht sich auf den streifenförmigen Leiter. Dieser Leiter hat eine Länge von 4,1 m und eine Breite von 0,74 m. Er ist im Abstand von 0,15 m über einer leitfähigen Platte (Gegenelektrode) angeordnet. Zwischen dem Leiter und der Platte wird eine „transversale elektromagnetische Welle“ (transversal: quer verlaufend) erzeugt, die sich ausgehend vom Hochfrequenzgenerator hin zu einem Abschlusswiderstand ausbreitet. Dabei sind die Abmessungen der Streifenleitung so gewählt, dass möglichst keine Reflexionen bei der Wellenausbreitung auftreten und somit über der Frequenz eine konstante Amplitude der Feldstärken herrscht.

Das zu prüfende System, bestehend z. B. aus Steuergerät, Kabelbaum und Peripherie (Sensoren und Stellglieder), wird in halber Höhe zwischen beiden Platten (Grundplatte und Leiterstreifen) angeordnet. Der Kabelbaum zeigt dabei in Ausbreitungsrichtung der Welle.

Bei der Messung wird bei fester Frequenz die Feldstärke zwischen den Platten so lange gesteigert, bis das System Fehlfunktionen zeigt oder bis ein vorgegebener Maximalwert erreicht ist. Verändert man die Frequenz in hinreichend kleinen Schritten und wiederholt den Vorgang, erhält man ein Diagramm der Einstrahlfestigkeit in Abhängigkeit von der Frequenz (Bild 4).

3 Stripline-Verfahren

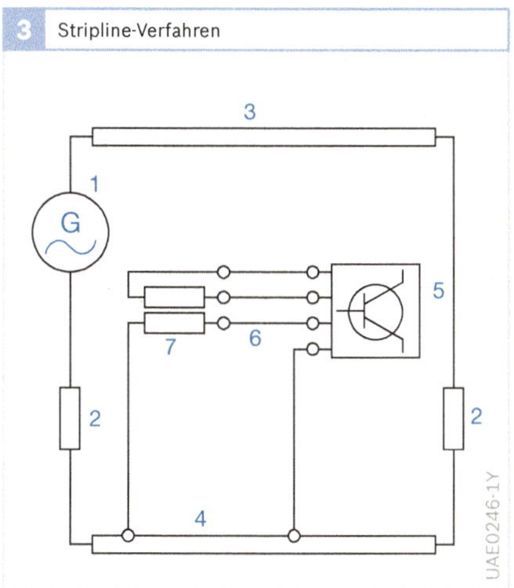

Bulk-Current-Injection-Methode (Bild 5)
Der Begriff „Bulk-Current-Injection" (BCI) lässt sich mit „Summenstrom-Einkopplung" übersetzen. Bei diesem Verfahren wird das zu prüfende System, ähnlich wie beim Stripline-Verfahren, über einer leitfähigen Platte (Gegenelektrode) angeordnet. Mithilfe einer Stromzange, die um den Kabelbaum geklipst wird, werden auf den einzelnen Leitern transformatorisch Ströme eingeprägt. Die vektorielle Summe dieser Ströme entspricht dem in die Zange eingespeisten Strom. Im Gegensatz zum Stripline-Verfahren, bei dem die Feldstärke variiert, wird bei diesem Verfahren der eingespeiste Strom gesteigert, bis das System Fehlfunktionen zeigt, oder bis ein vorgegebener Maximalstrom erreicht ist.

TEM-Zelle (Bild 6)
Ähnlich wie beim Stripline-Verfahren wird in der TEM-Zelle zwischen einem streifenförmigen Leiter und einer Gegenelektrode ein Transversales elektromagnetisches Feld (TEM) erzeugt. Die Gegenelektrode ist in diesem Fall jedoch keine Platte, wie beim Stripline-Verfahren, sondern ein geschlossenes Gehäuse. Dadurch ist für diesen Prüfaufbau, anders als bei den anderen Einstrahlmessverfahren, kein geschirmter Messraum notwendig.

Bild 3
1 Hochfrequenzgenerator
2 Widerstand
3 streifenförmiger Leiter (Stripline)
4 Gegenelektrode (leitfähige Platte oder Zelle)
5 zu prüfendes System
6 Kabelbaum
7 Peripherie (Sensoren, Stellglieder)

4 Einstrahlfestigkeit

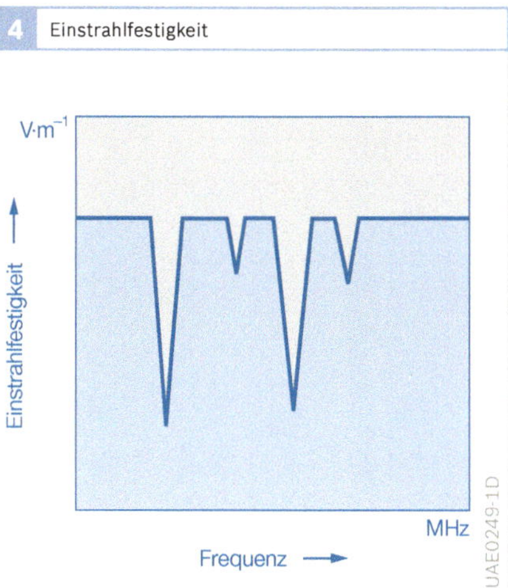

5 BCI-Methode

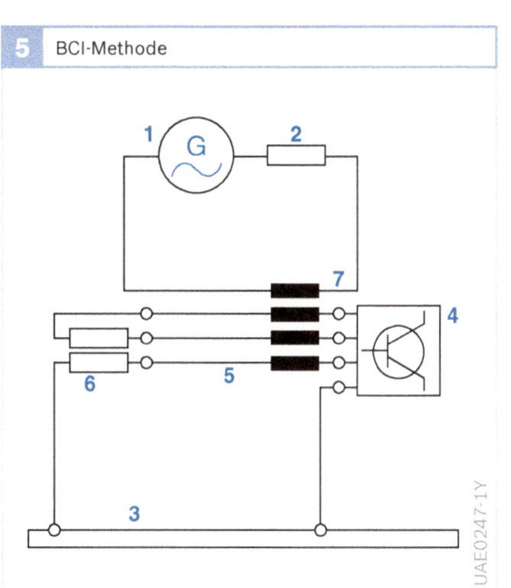

Bild 4
Ermittelt mit Stripline-Verfahren, BCI-Methode oder TEM-Zelle

Bild 5
1 Hochfrequenzgenerator
2 Widerstand
3 Gegenelektrode (leitfähige Platte oder Zelle)
4 zu prüfendes System
5 Kabelbaum
6 Peripherie (Sensoren, Stellglieder)
7 Stromzange

Ein weiterer Unterschied zum Stripline-Verfahren besteht darin, dass nur der Prüfling selber, z. B. ein Steuergerät, dem elektromagnetischen Feld ausgesetzt wird. Die Peripherie befindet sich außerhalb der TEM-Zelle. Sie ist mit dem Prüfling über einen kleinen Rumpfkabelbaum verbunden, der quer zur Ausbreitungsrichtung der elektromagnetischen Welle verläuft.

Der Ablauf der Messung stimmt mit dem des Stripline-Verfahrens überein. Die Feldstärke wird auch hier so lange gesteigert, bis das System Fehlfunktionen zeigt, oder bis ein vorgegebener Maximalwert erreicht ist.

Antenneneinstrahlung

Bei diesem Verfahren wird der Prüfling auf einer Grundplatte - wiederum ähnlich wie beim Stripline-Verfahren - mit Steuergerät, Kabelbaum und Peripherie aufgebaut. Der Kabelbaum wird in definiertem Abstand zur Grundplatte geführt. In festgelegtem Abstand wird über eine Antenne ein elektromagnetisches Feld erzeugt und auf den gesamten Aufbau eingestrahlt. Der Ablauf der Messung erfolgt auch hier so, dass die Feldstärke so lange gesteigert wird, bis der Prüfling eine Fehlfunktion zeigt oder ein vorgegebener Maximalwert erreicht wird.

Sicherstellung der Störfestigkeit und Funkentstörung

Bereits in der Planungs- und Konzeptionsphase eines elektronischen Systems oder einer Komponente müssen die EMV-Anforderungen bezüglich der Störfestigkeit und Funkentstörung berücksichtigt werden. Bei der Realisierung der entsprechenden Geräte und Komponenten müssen EMV-Maßnahmen mit entwickelt und in die Geräte integriert werden.

EMV in elektronischen Steuergeräten

Für elektronische Steuergeräte bedeutet EMV-gerechte Auslegung zunächst, dass die für die Mikroprozessoren eingesetzten Taktfrequenzen möglichst niedrig gewählt werden und die Steilheit der Übergänge der Signale auf unbedingt erforderliche Werte begrenzt wird. Bei der Auswahl der Bauelemente (integrierte Schaltungen) muss neben der Funktionalität auch ihr EMV-Verhalten berücksichtigt werden. Dies bedeutet einerseits, dass sie möglichst störfest sein sollen, andererseits dürfen sie nur eine geringe Störaussendung aufweisen. Beim Layout der Leiterplatte bedeutet EMV-gerecht, dass Schaltungsteile, die besonders störempfindlich

6 Testverfahren mit TEM-Zelle

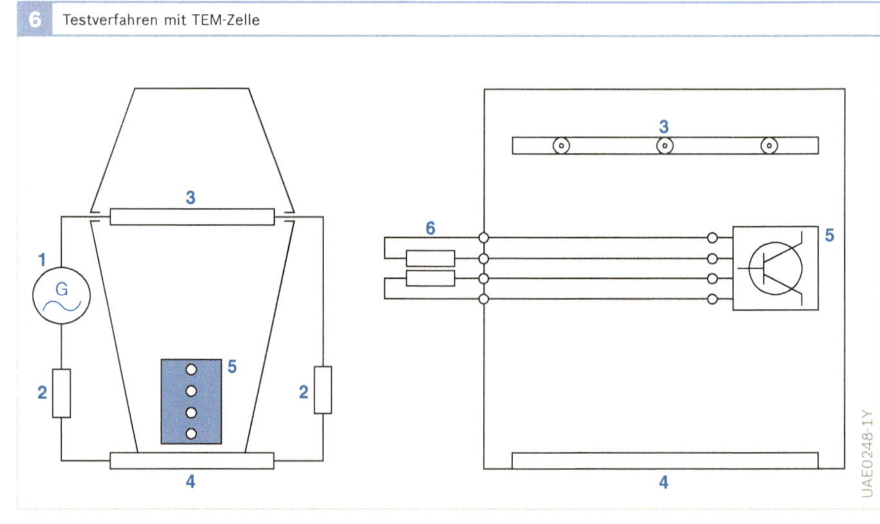

Bild 6
1 Hochfrequenzgenerator
2 Widerstand
3 streifenförmiger Leiter (Stripline)
4 Gegenelektrode (leitfähige Platte oder Zelle)
5 zu prüfendes System
6 Peripherie (Sensoren, Stellglieder)

sind oder potenzielle Störquellen darstellen, vom angeschlossenen Kabelbaum entkoppelt sind. Das erreicht man dadurch, dass diese Bauteile vom Steckerbereich weit entfernt platziert werden.

Entstörbauelemente, meist hochfrequenztaugliche Kondensatoren, begrenzen die Auswirkungen von Störungen auf das notwendige Maß. Diese Entstörkondensatoren werden entweder direkt an den integrierten Schaltungen oder im Steckerbereich platziert. Im Steckerbereich führen die Entstörelemente zusammen mit einem elektrisch möglichst gut leitfähigen Gehäuse (Schirmgehäuse) zu einer hochfrequenzmäßigen Trennung zwischen gestörter Umgebung und dem Geräteinnern. Damit ist sichergestellt, dass durch außerhalb des Geräts auftretende Signale keine Störungen im Gerät entstehen. Andererseits verursachen im Innern des Geräts auftretende hochfrequente Signale keine unerwünschten Störungen in der Umgebung.

Elektromotoren und andere elektromechanische Bauelemente

Ähnlich wie bei den elektronischen Steuergeräten und Sensoren werden auch bereits bei der Entwicklung von Elektromotoren Entstörmaßnahmen vorgesehen. Zum Beispiel treten bei Kommutatormotoren Störungen durch das Bürstenfeuer beim Kommutierungsvorgang auf. Das kann zu einer erheblichen Beeinträchtigung des Funkempfangs führen. Diese Störungen werden durch geeignete Entstörelemente (Kondensatoren und Drosseln) begrenzt. Bei der konstruktiven Gestaltung des Motors wird darauf geachtet, dass die Wirkung dieser Entstörelemente optimal ist.

Beim Einsatz von elektromagnetischen Stellern werden durch geeignete Schaltungsmaßnahmen, z. B. in Form von Löschwiderständen, die beim Schalten auftretenden impulsförmigen Spannungen auf ein zulässiges Maß begrenzt.

Hochspannungszündung

Durch die Hochspannungszündung können im Funkempfang erhebliche Störungen auftreten. Daher werden in der Praxis meist Zündkerzen mit integriertem Entstörwiderstand eingesetzt. Auch in den Zündkerzensteckern werden Entstörwiderstände eingebaut. Dies geschieht entweder am Ende der Zündkabel oder bei aktuellen Zündsystemen integriert in die Einzelfunkenzündspule, die für jeden Zylinder des Motors direkt auf die jeweilige Zündkerze aufgesteckt wird. Dabei muss ein geeigneter Kompromiss zwischen dem erforderlichen Zündspannungsangebot und der Entstörwirkung gefunden werden.

Nachträgliche Entstörung

Wie beschrieben müssen EMV-Maßnahmen und Funktionsanforderungen aufeinander abgestimmt sein. Eine nachträgliche Entstörung ist meist nur mit großem Aufwand möglich und für den Einsatz in Serienfahrzeugen zu vermeiden.

In einzelnen Fällen (z. B. für Behördenfahrzeuge) können dann, wenn die Entstörmaßnahmen in den elektrischen Komponenten nicht ausreichen, durch zusätzliche Entstörmaßnahmen weitere Verbesserungen erreicht werden. Möglichkeiten hierzu bieten der Einbau von Filtern oder eine zusätzliche Schirmung der Komponenten und Leitungen.

Beim Einsatz solcher zusätzlichen Entstörmaßnahmen muss sehr vorsichtig vorgegangen werden, da nachträgliche Veränderungen der elektronischen Komponenten zu Funktionsstörungen führen können.

Schaltzeichen und Schaltpläne

Die elektrischen Anlagen in Kraftfahrzeugen enthalten eine große Zahl von elektrischen und elektronischen Geräten für Steuerung und Regelung des Motors sowie für Sicherheits- und Komfortsysteme. Eine Übersicht über die komplexen Bordnetzschaltungen ist nur mit aussagefähigen Schaltzeichen und Schaltplänen möglich. Schaltpläne als Stromlaufpläne und Anschlusspläne helfen bei der Störungssuche, erleichtern den Einbau zusätzlicher Geräte und ermöglichen das fehlerfreie Anschließen beim Umrüsten oder Ändern der elektrischen Ausstattung von Fahrzeugen.

Schaltzeichen

Die in Tabelle 1 dargestellten Schaltzeichen bilden eine Auswahl genormter Schaltzeichen, die für die Kraftfahrzeugelektrik geeignet sind. Sie entsprechen bis auf wenige Ausnahmen den Normen der Internationalen Elektrotechnischen Kommission (IEC).

Die Europäische Norm „Grafische Symbole für Schaltpläne" EN 60 617 entspricht der Internationalen Norm IEC 617. Sie besteht in drei offiziellen Fassungen (Deutsch, Englisch und Französisch). Die Norm enthält Symbolelemente, Kenn-

1 Schaltplan eines Drehstromgenerators mit Regler

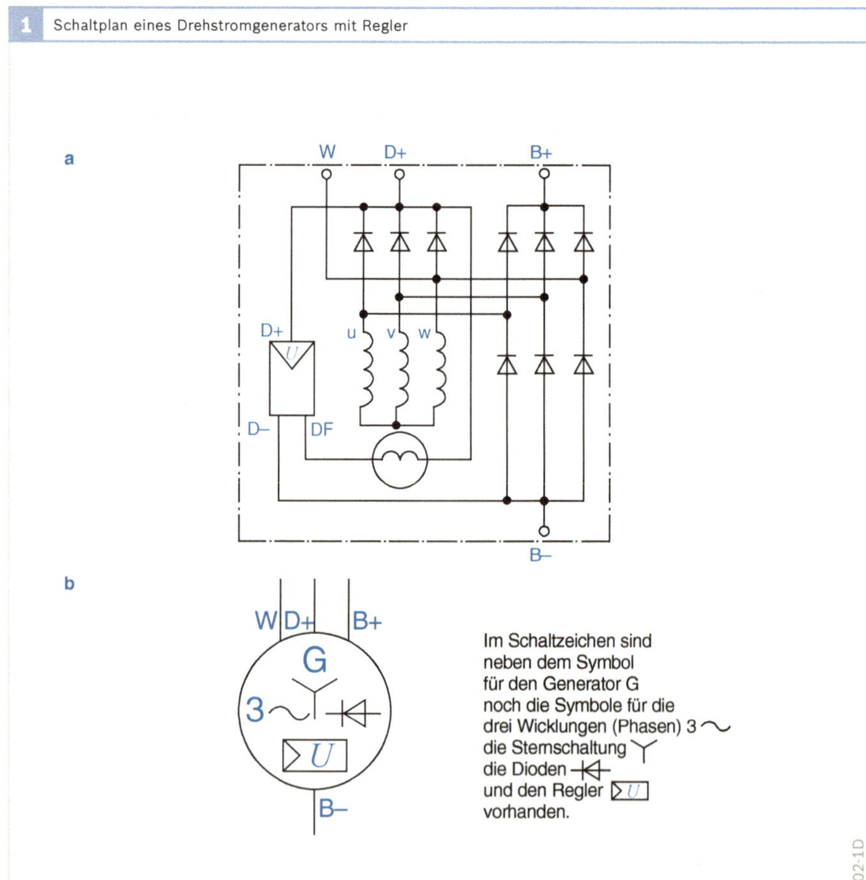

Bild 1
a mit Innenschaltung
b Schaltzeichen

zeichen und vor allem Schaltzeichen für folgende Bereiche:

Allgemeine Anwendungen	Teil 2
Leiter und Verbinder	Teil 3
Passive Bauelemente	Teil 4
Halbleiter und Elektronenröhren	Teil 5
Erzeugung und Umwandlung elektrischer Energie	Teil 6
Schalt- und Schutzeinrichtungen	Teil 7
Mess-, Melde- und Signaleinrichtungen	Teil 8
Nachrichtentechnik, Vermittlungs- und Endeinrichtungen	Teil 9
Nachrichtentechnik, Übertragungseinrichtungen	Teil 10
Gebäudebezogene und topografische Installationspläne und Schaltpläne	Teil 11
Binäre Elemente	Teil 12
Analoge Elemente	Teil 13

Anforderungen

Schaltzeichen sind die kleinsten Bausteine eines Schaltplans und die vereinfachte zeichnerische Darstellung eines elektrischen Geräts oder eines Teiles davon. Die Schaltzeichen lassen die Wirkungsweise eines Geräts erkennen und stellen in Schaltplänen die funktionellen Zusammenhänge eines technischen Ablaufs dar. Schaltzeichen berücksichtigen nicht die Form und Abmessungen des Geräts und die Lage der Anschlüsse am Gerät. Allein durch die Abstraktion ist eine aufgelöste Darstellung im Stromlaufplan möglich.

Ein Schaltzeichen soll folgende Eigenschaften besitzen: es soll einprägsam, leicht verständlich, unkompliziert in der zeichnerischen Darstellung und eindeutig innerhalb einer Sachgruppe sein.

Schaltzeichen bestehen aus Schaltzeichenelementen und Kennzeichen (Bild 2). Als Kennzeichen dienen Buchstaben, Ziffern, Symbole, mathematische Zeichen, Formelzeichen, Einheitenzeichen, Kennlinien u. Ä.

Wird ein Schaltplan durch die Darstellung der Innenschaltung eines Geräts zu umfangreich oder sind zum Erkennen der Funktion des Geräts nicht alle Details der Schaltung notwendig, so kann der Schaltplan für dieses spezielle Gerät durch ein einziges Schaltzeichen (ohne Innenschaltung) ersetzt werden (Bilder 1b und 2).

Bei integrierten Schaltkreisen, die einen hohen Grad von Raumausnutzung aufweisen (dies ist gleichbedeutend mit hohem Integrationsgrad von Funktionen in einem Bauteil), wird eine vereinfachte Schaltungsdarstellung bevorzugt.

2 Beispiel für den Aufbau eines Schaltzeichens: die Lambda-Sonde

Darstellung

Die Schaltzeichen sind ohne Einwirkung einer physikalischen Größe, d. h. in strom- und spannungslosem und mechanisch nicht betätigtem Zustand dargestellt. Ein von dieser Regeldarstellung (Grundstellung) abweichender Betriebszustand eines Schaltzeichens wird durch einen danebengesetzten Doppelpfeil gekennzeichnet (Bild 3).

Schaltzeichen und Verbindungslinien (sie stellen elektrische Leitungen und mechanische Wirkverbindungen dar) haben die gleiche Linienbreite.

Um unnötige Knicke und Kreuzungen bei den Verbindungslinien zu vermeiden, können Schaltzeichen in Stufen von 90° gedreht oder spiegelbildlich angeordnet werden, sofern sie dadurch ihre Bedeutung nicht verändern. Die Richtung der weiterführenden Leitungen ist frei wählbar. Ausgenommen sind die Schaltzeichen für Widerstände (Anschlusszeichen sind hier nur an den Schmalseiten zugelassen) und Anschlüsse für elektromechanische Antriebe (hier dürfen sich Anschlusszeichen nur an den Breitseiten befinden, Bild 4).

Verzweigungen werden sowohl mit als auch ohne Punkt dargestellt. Bei Kreuzungen ohne Punkt ist keine elektrische Verbindung vorhanden (Bild 5). Anschlussstellen an Geräten sind meistens nicht besonders dargestellt. Nur an den für Ein- und Ausbau notwendigen Stellen werden Anschlussstelle, Stecker, Buchse oder Schraubverbindungen durch ein Schaltzeichen kenntlich gemacht. Sonstige Verbindungsstellen sind einheitlich als Punkt gekennzeichnet.

Schaltglieder mit gemeinsamem Antrieb sind bei zusammenhängender Darstellung so gezeichnet, dass sie beim Betätigen einer Bewegungsrichtung folgen, die durch die mechanische Wirkverbindung (- - -) festgelegt ist (Bild 6).

3 Von der Grundstellung abweichender Betriebszustand des Schaltzeichens

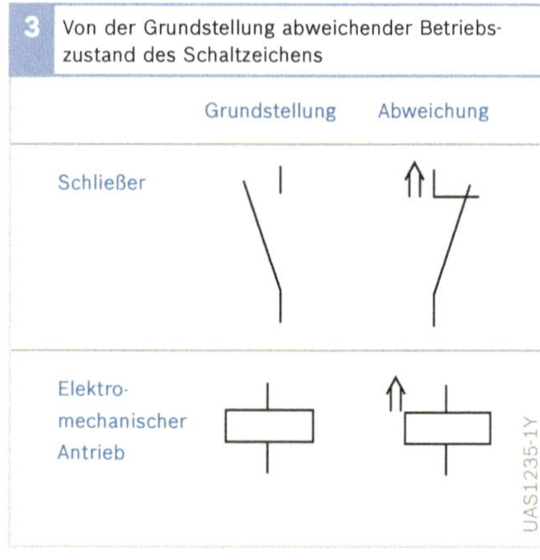

4 Anschlüsse

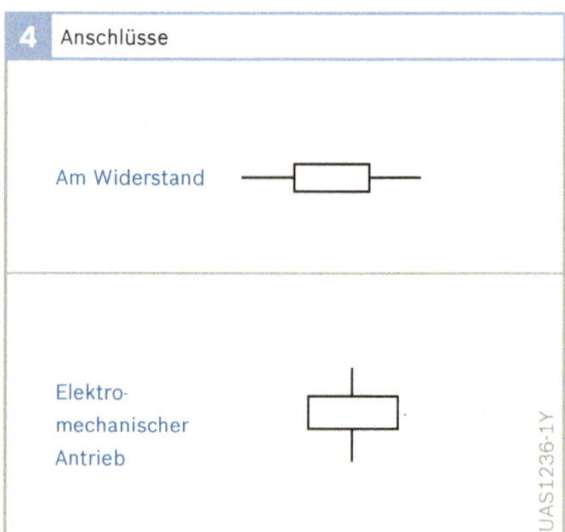

5 Verzweigung und Kreuzungen

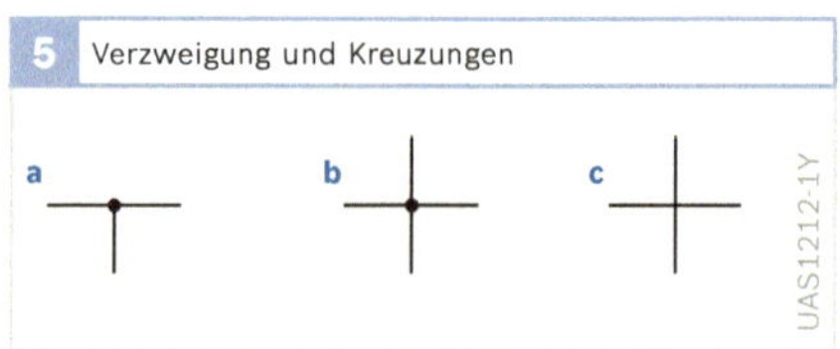

Bild 5
- a Verzweigung mit elektrischer Verbindung
- b Kreuzung mit elektrischer Verbindung
- c Kreuzung ohne elektrische Verbindung

6 Mechanische Wirkverbindung am Mehrstellenschalter

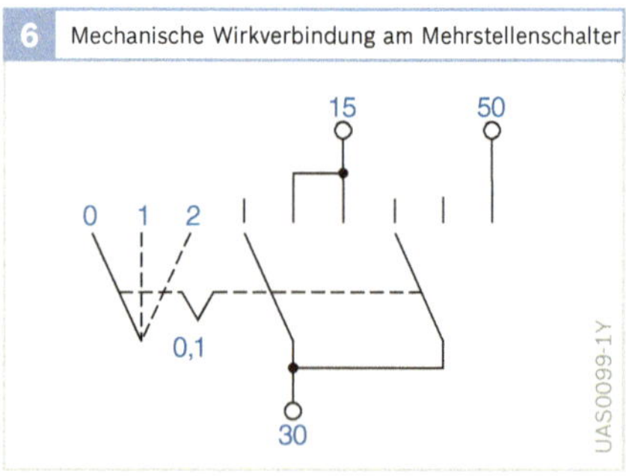

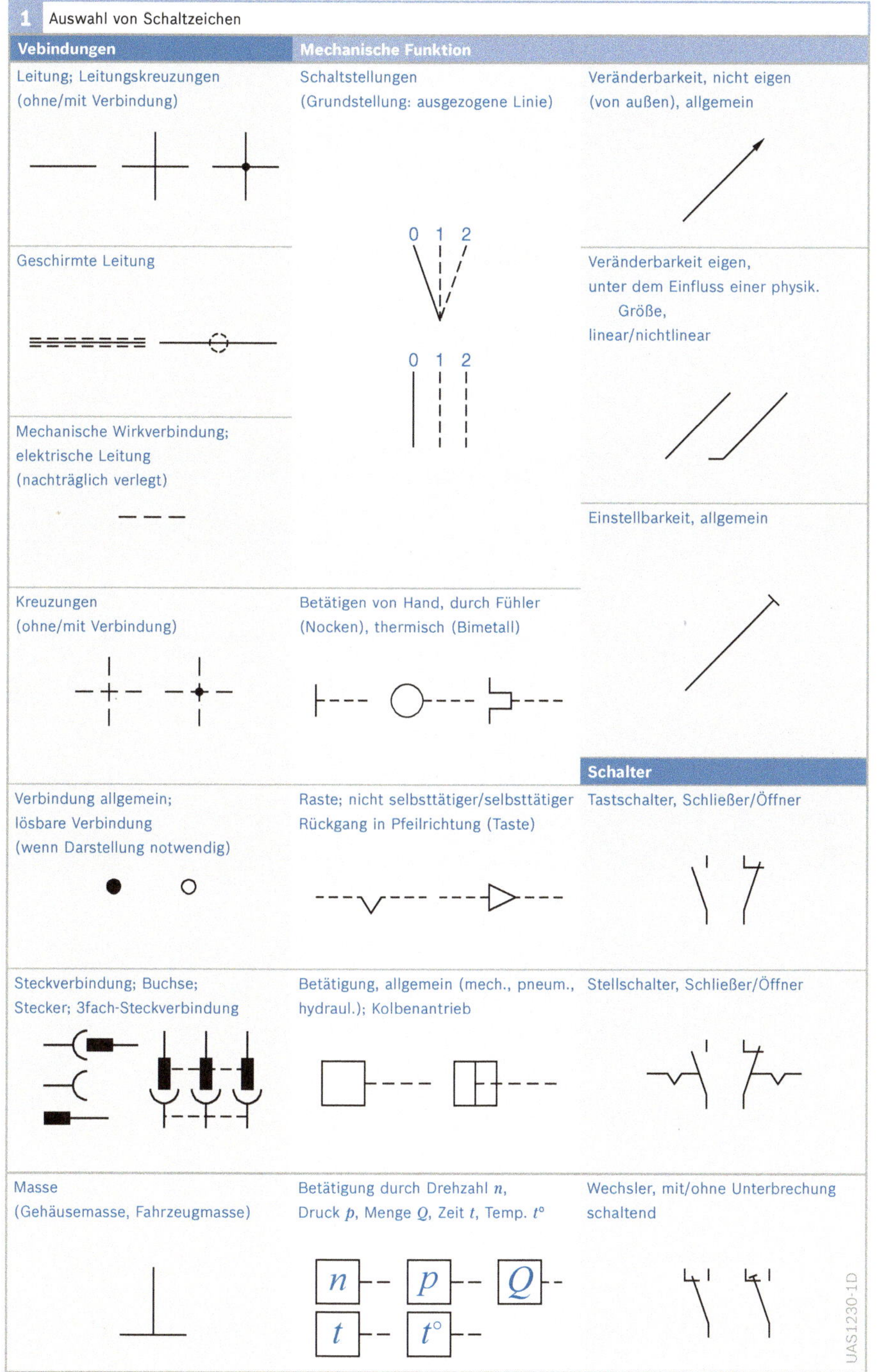

1 Auswahl von Schaltzeichen

Vebindungen	**Mechanische Funktion**	
Leitung; Leitungskreuzungen (ohne/mit Verbindung)	Schaltstellungen (Grundstellung: ausgezogene Linie)	Veränderbarkeit, nicht eigen (von außen), allgemein
Geschirmte Leitung		Veränderbarkeit eigen, unter dem Einfluss einer physik. Größe, linear/nichtlinear
Mechanische Wirkverbindung; elektrische Leitung (nachträglich verlegt)		Einstellbarkeit, allgemein
Kreuzungen (ohne/mit Verbindung)	Betätigen von Hand, durch Fühler (Nocken), thermisch (Bimetall)	
		Schalter
Verbindung allgemein; lösbare Verbindung (wenn Darstellung notwendig)	Raste; nicht selbsttätiger/selbsttätiger Rückgang in Pfeilrichtung (Taste)	Tastschalter, Schließer/Öffner
Steckverbindung; Buchse; Stecker; 3fach-Steckverbindung	Betätigung, allgemein (mech., pneum., hydraul.); Kolbenantrieb	Stellschalter, Schließer/Öffner
Masse (Gehäusemasse, Fahrzeugmasse)	Betätigung durch Drehzahl n, Druck p, Menge Q, Zeit t, Temp. $t°$	Wechsler, mit/ohne Unterbrechung schaltend

Tabelle 1

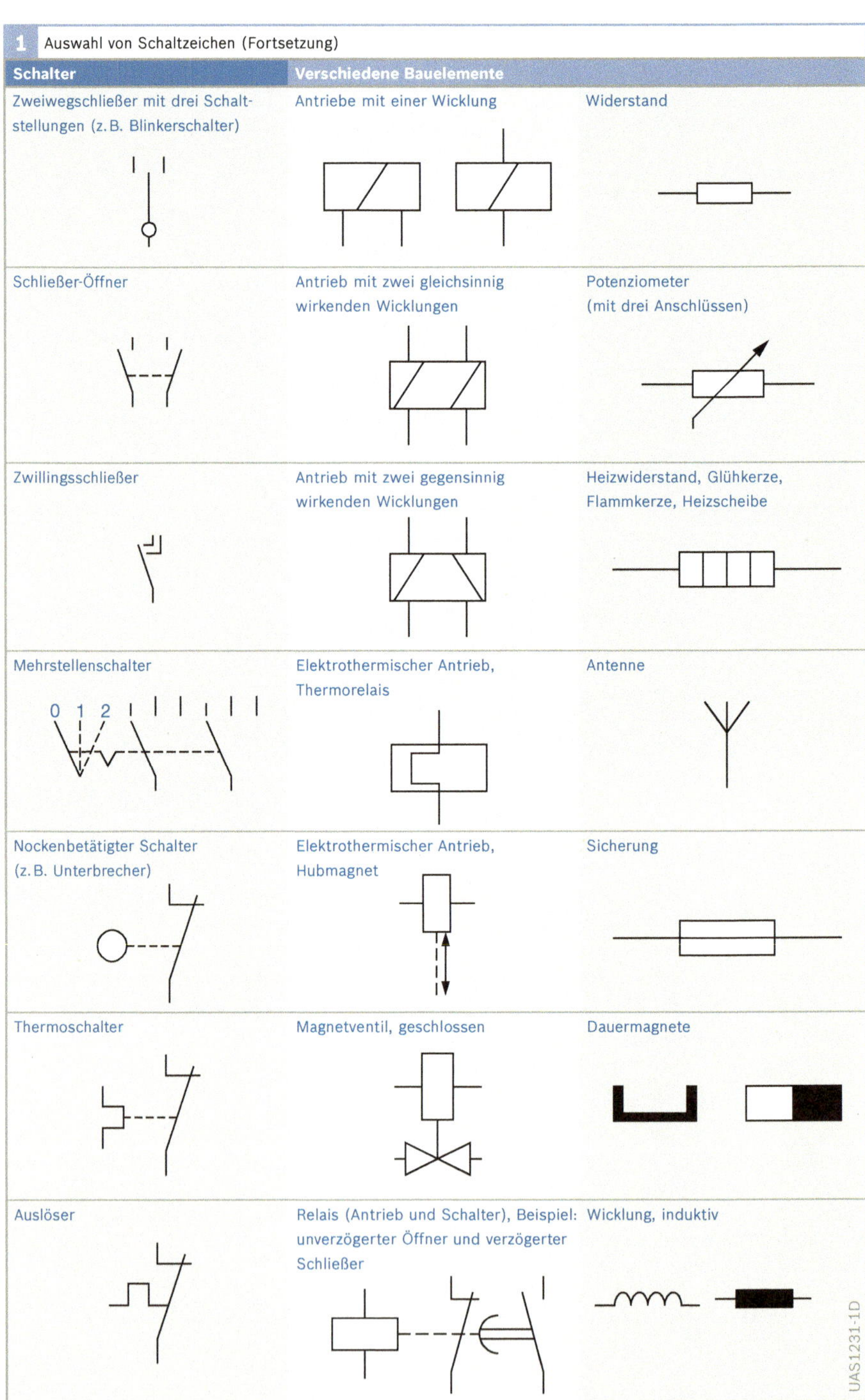

1 Auswahl von Schaltzeichen (Fortsetzung)

Schalter	Verschiedene Bauelemente	
Zweiwegschließer mit drei Schaltstellungen (z. B. Blinkerschalter)	Antriebe mit einer Wicklung	Widerstand
Schließer-Öffner	Antrieb mit zwei gleichsinnig wirkenden Wicklungen	Potenziometer (mit drei Anschlüssen)
Zwillingsschließer	Antrieb mit zwei gegensinnig wirkenden Wicklungen	Heizwiderstand, Glühkerze, Flammkerze, Heizscheibe
Mehrstellenschalter	Elektrothermischer Antrieb, Thermorelais	Antenne
Nockenbetätigter Schalter (z. B. Unterbrecher)	Elektrothermischer Antrieb, Hubmagnet	Sicherung
Thermoschalter	Magnetventil, geschlossen	Dauermagnete
Auslöser	Relais (Antrieb und Schalter), Beispiel: unverzögerter Öffner und verzögerter Schließer	Wicklung, induktiv

Tabelle1
(Fortsetzung)

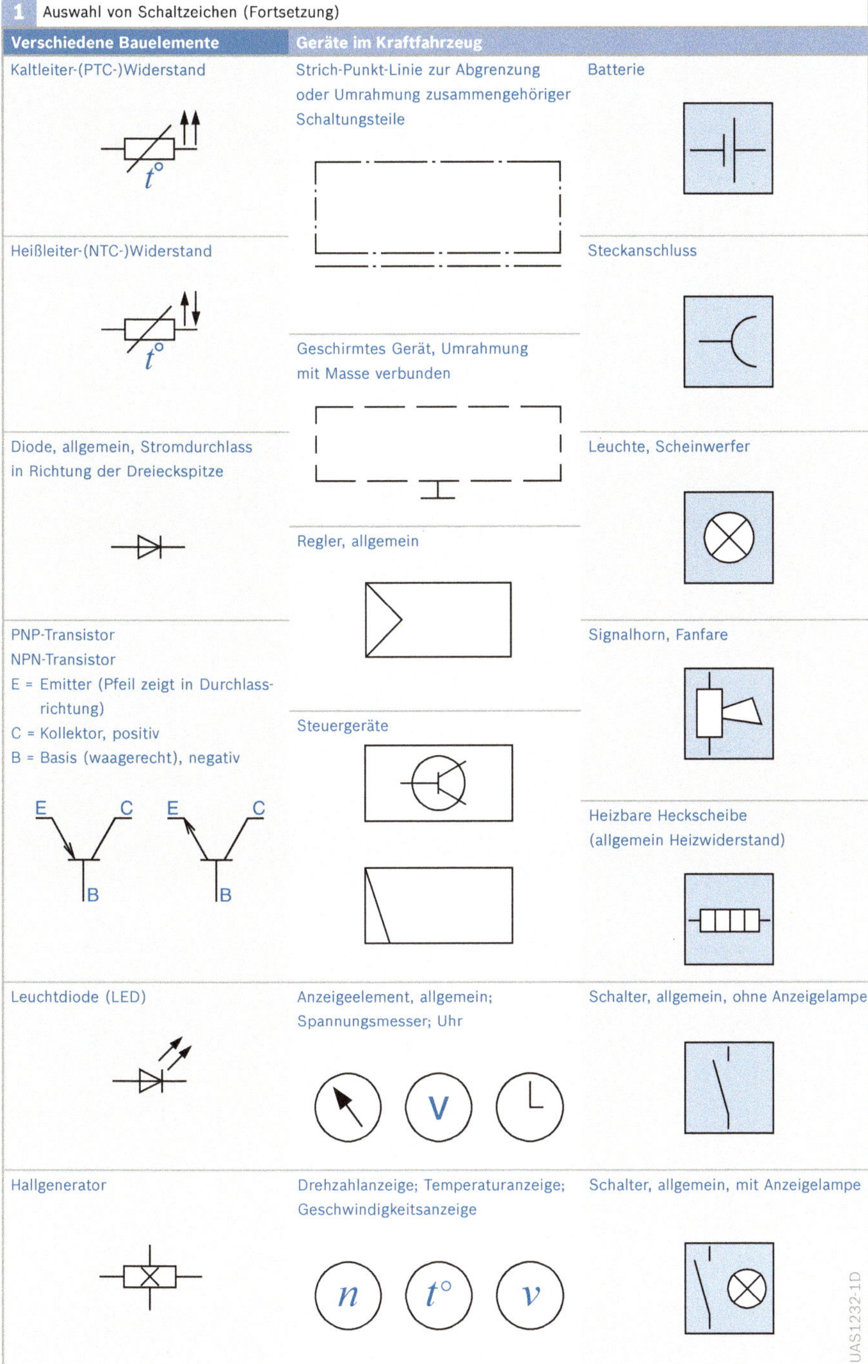

Tabelle 1
(Fortsetzung)

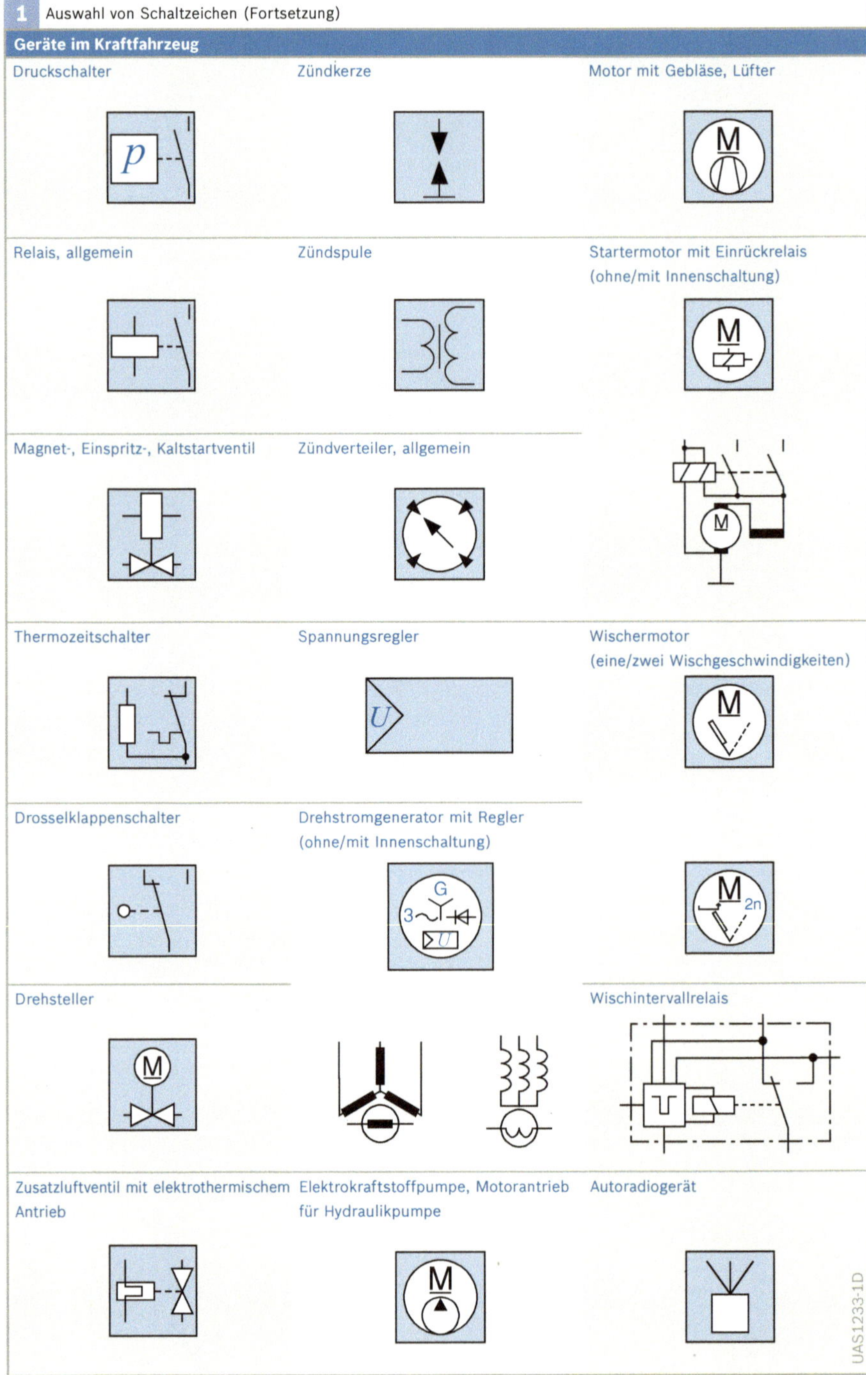

Tabelle1
(Fortsetzung)

1 Auswahl von Schaltzeichen (Fortsetzung)		
Geräte im Kraftfahrzeug		
Lautsprecher	Piezoelektrischer Sensor	Geschwindigkeitssensor v
Spannungskonstanthalter, Stabilisator U const.	Widerstandsstellungsgeber	ABS-Drehzahlsensor n
Induktiver Sensor, mit Bezugsmarke gesteuert	Luftmengenmesser Q_L	Hallgeber
Blink-, Impulsgeber, Intervallrelais G	Luftmassenmesser $\dot{m}$ / $t°$	Umsetzer, Umformer (Menge, Spannung) Q / U
Lambda-Sonde (nicht beheizt/beheizt) λ λ $t°$	Mengensensor, Kraftstoffstandsensor Q	Induktiver Sensor
	Temperaturschalter, Temperatursensor $t°$	
Kombi-Gerät (Armaturenbrett) U const. N1; V P2; n P3; Q P4; t P5; H1 H2 H3 H4 H5 H6		

UAS1234-1D

Tabelle 1
(Fortsetzung)

Schaltpläne

Der Schaltplan ist die zeichnerische Darstellung elektrischer Geräte durch Schaltzeichen, gegebenenfalls durch Abbildungen oder vereinfachte Konstruktionszeichnungen (Bild 7). Er zeigt die Art, in der verschiedene elektrische Geräte zueinander in Beziehung stehen und miteinander verbunden sind. Tabellen, Diagramme und Beschreibungen können den Plan ergänzen. Die Art des Schaltplanes wird bestimmt durch seinen Zweck (z. B. Darstellung der Funktion einer Anlage) und durch die Art der Darstellung.
Damit ein Schaltplan „lesbar“ ist, muss er folgende Forderungen erfüllen:

- Er muss normgerecht dargestellt sein, Abweichungen sind zu erläutern.
- Die Stromwege müssen vorzugsweise so angeordnet sein, dass die Wirkung bzw. der Signalfluss von links nach rechts und/oder von oben nach unten verläuft.

In der Kraftfahrzeugelektrik dienen Übersichtsschaltpläne in meist einpoliger Darstellung ohne gezeichnete Innenschaltung dem schnellen Überblick über die Funktion einer Anlage oder eines Geräts. Der Stromlaufplan in verschiedenen Darstellungsarten (Anordnung der Schaltzeichen) ist die ausführliche Darstellung einer Schaltung zum Erkennen der Funktion und zur Ausführung von Reparaturen. Der Anschlussplan (mit Anschlusspunkten der Geräte) dient dem Kundendienst bei Austausch oder Nachrüstung von Geräten.

Nach Art der Darstellung wird unterschieden zwischen:

- ein- oder mehrpoliger Darstellung und (entsprechend der Anordnung der Schaltzeichen)
- zusammenhängender, halbzusammenhängender, aufgelöster und lagerichtiger Darstellung, die in ein und demselben Schaltplan kombiniert werden können.

7 Einteilung der Schaltpläne

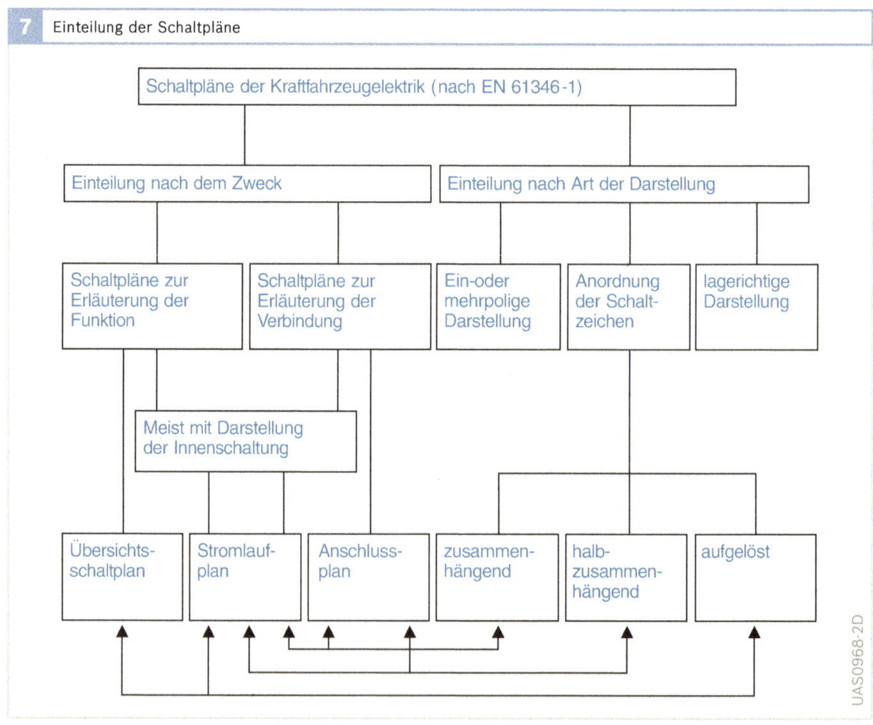

Übersichtsschaltplan

Der Übersichtsschaltplan, früher Blockdiagramm oder Blockschaltplan genannt, ist die vereinfachte Darstellung einer Schaltung, wobei nur die wesentlichen Teile berücksichtigt sind (Bild 8). Er soll einen schnellen Überblick über Aufgabe, Aufbau, Gliederung und Funktion einer elektrischen Anlage oder eines Teiles davon geben und als Wegweiser für ausführlichere Schaltungsunterlagen (Stromlaufplan) dienen.

Die Geräte sind dargestellt durch Quadrate, Rechtecke oder Kreise mit eingezeichneten Kennzeichen ähnlich EN 60 617, Teil 2, die Leitungen sind meist einpolig gezeichnet.

8 Übersichtsschaltplan Motronic-Steuergerät

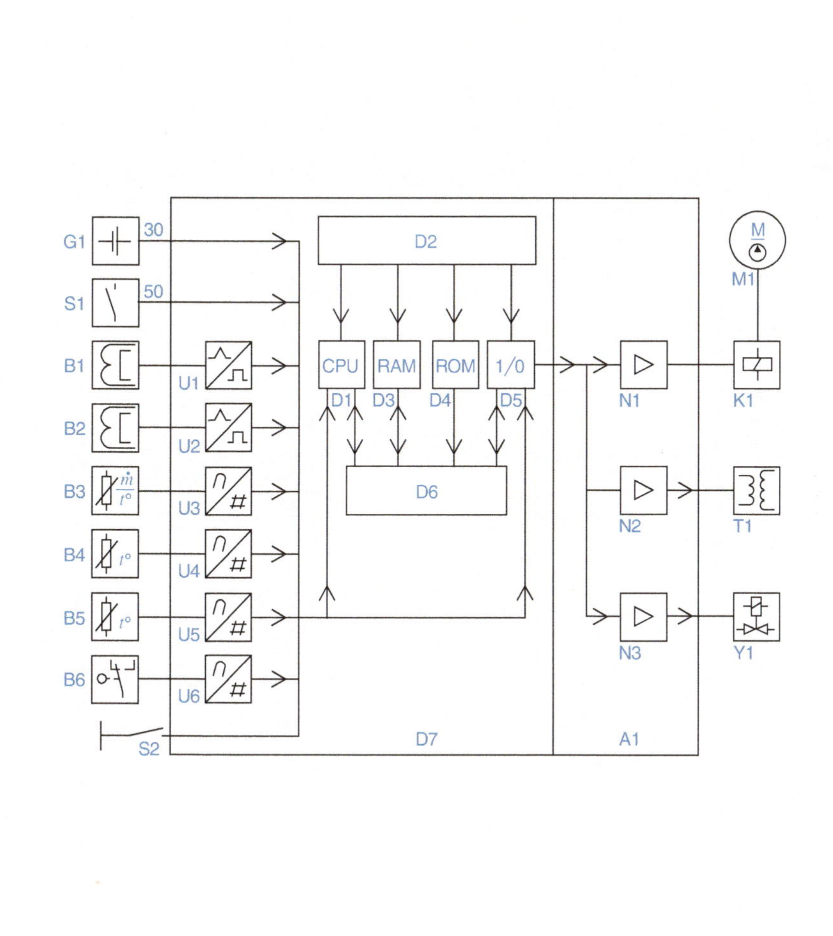

Bild 8
- A1 Steuergerät
- B1 Sensor für Drehzahl
- B2 Sensor für Bezugsmarke
- B3 Sensor für Luftmasse
- B4 Sensor für Ansauglufttemperatur
- B5 Sensor für Motortemperatur
- B6 Drosselklappenschalter
- D1 Recheneinheit (CPU)
- D2 Adressbus
- D3 Arbeitsspeicher (RAM)
- D4 Programmdatenspeicher (ROM)
- D5 Eingang – Ausgang
- D6 Datenbus
- D7 Mikrocomputer
- G1 Batterie
- K1 Pumpenrelais
- M1 Elektrokraftstoffpumpe
- N1...N3 Leistungsendstufen
- S1 Zündstartschalter
- S2 Kennfeldumschalter
- T1 Zündspule
- U1 und U2 Impulsformer
- U3...U6 Analog-digital-Umsetzer
- Y1 Einspritzventil

Stromlaufplan

Der Stromlaufplan ist die ausführliche Darstellung einer Schaltung in ihren Einzelheiten. Er zeigt durch übersichtliche Darstellung der einzelnen Stromwege die Wirkungsweise einer elektrischen Schaltung. Im Stromlaufplan darf die übersichtliche, das Lesen der Schaltung erleichternde Darstellung der Funktion durch die Wiedergabe gerätetechnischer und räumlicher Zusammenhänge nicht beeinträchtigt werden. Bild 9 zeigt den Stromlaufplan eines Startermotors in zusammenhängender und aufgelöster Darstellung.

Der Stromlaufplan muss enthalten:

- Schaltung,
- Gerätekennzeichnung (EN 61 346, Teil 2) und
- Anschlussbezeichnung bzw. Klemmenbezeichnung (DIN 72 552).

Der Stromlaufplan kann enthalten:

- Vollständige Darstellung mit Innenschaltung, um Prüfung, Fehlerortung, Wartung und Austausch (Nachrüstung) zu ermöglichen;
- Hinweisbezeichnungen dienen zum besseren Auffinden von Schaltzeichen und Zielorten, insbesondere bei aufgelöster Darstellung.

9 Stromlaufplan eines Startermotors Typ KB für Parallelbetrieb in zwei Darstellungsarten

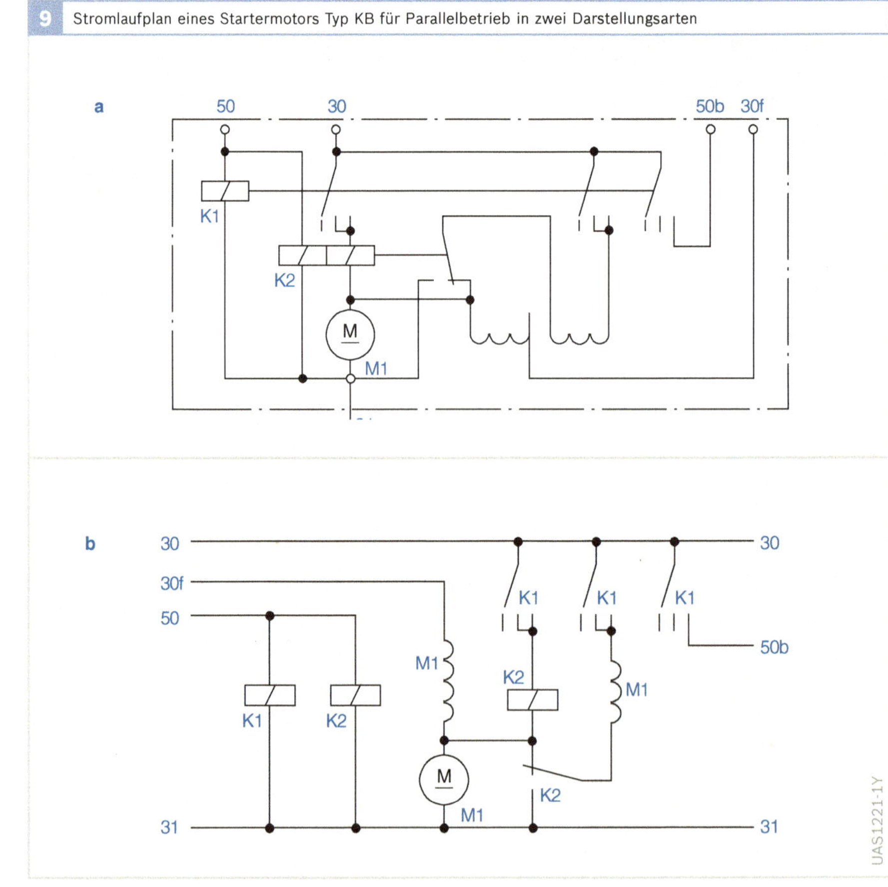

Bild 9
- a Zusammenhängende Darstellung
- b Aufgelöste Darstellung
- K1 Steuerrelais
- K2 Einrückrelais, Haltewicklung und Einzugswicklung
- M1 Startermotor mit Reihenschluss- und Nebenschlusswicklung

Darstellung der Schaltung

Im Stromlaufplan wird meist die mehrpolige Leitungsdarstellung verwendet. Für die Anordnung der Schaltzeichen gibt es nach EN 61 346, Teil 1 folgende Darstellungsarten, die im gleichen Schaltplan kombiniert werden können.

Zusammenhängende Darstellung
Alle Teile eines Geräts sind unmittelbar beieinander zusammenhängend dargestellt und durch Doppelstrich oder unterbrochene Verbindungslinien zur Kennzeichnung der mechanischen Wirkverbindung miteinander verbunden. Diese Darstellung kann für einfache, nicht sehr umfangreiche Schaltungen verwendet werden, ohne dass die Übersichtlichkeit verloren geht (Bild 9a).

10 Massedarstellung

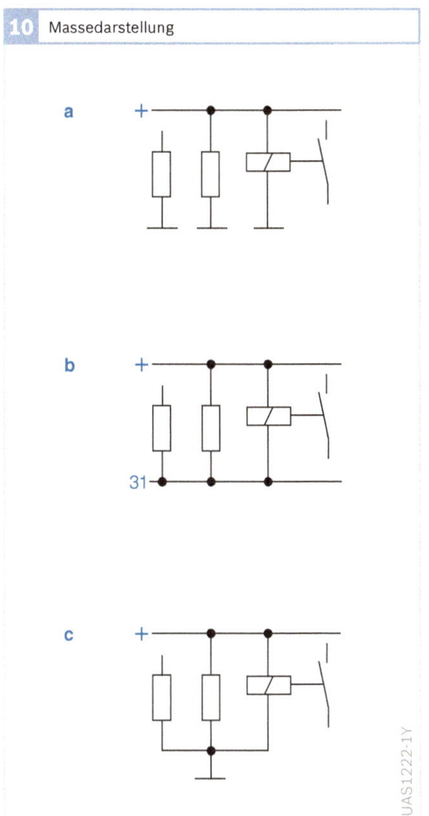

Bild 10
a einzelne Massezeichen
b durchgehende Masseverbindung
c mit Massesammelpunkt

Aufgelöste Darstellung
Schaltzeichen von Teilen elektrischer Geräte sind getrennt dargestellt und so angeordnet, dass jeder Stromweg möglichst leicht zu verfolgen ist. Auf die räumliche Zusammengehörigkeit einzelner Geräte oder deren Teile wird keine Rücksicht genommen. Eine möglichst geradlinige, klare und kreuzungsfreie Anordnung der einzelnen Stromwege hat den Vorrang.

Hauptzweck: Erkennen der Funktion einer Schaltung.

Die Zusammengehörigkeit der einzelnen Teile ist mithilfe eines Kennzeichnungssystems nach EN 61 346, Teil 2 zu erkennen. An jedem einzelnen, getrennt dargestellten Schaltzeichen eines Geräts befindet sich die dem Gerät zugehörige Kennzeichnung. Aufgelöst dargestellte Geräte sind an einer Stelle des Schaltplanes einmal vollständig und zusammenhängend anzugeben (Bild 9b), wenn es zum Verständnis der Schaltung erforderlich ist.

Lagerichtige Darstellung
Bei dieser Darstellung entspricht die Lage des Schaltzeichens ganz oder teilweise der räumlichen Lage innerhalb des Geräts oder Teiles.

Massedarstellung
Im Kraftfahrzeug wird in den meisten Fällen das Einleitersystem, bei dem die Masse (Metallteile des Fahrzeugs) als Rückleitung dient, wegen seiner Einfachheit bevorzugt. Ist die Gewähr für einwandfrei leitende Verbindung der einzelnen Masseteile nicht gegeben oder handelt es sich um Spannungen über 42 V, so verlegt man auch die Rückleitung isoliert von Masse.

Alle in einer Schaltung dargestellten Massezeichen sind über die Geräte- oder Fahrzeugmasse elektrisch miteinander verbunden.

Sämtliche Geräte, die ein Massezeichen enthalten, müssen elektrisch leitend auf der Fahrzeugmasse montiert sein.

Bild 10 zeigt verschiedene Möglichkeiten der Massedarstellung.

Stromwege und Leitungen

Die Stromkreise sind so angeordnet, dass sich eine klare und übersichtliche Darstellung ergibt. Die einzelnen Stromwege, mit Wirkrichtung vorzugsweise von links nach rechts und/oder von oben nach unten, sollen möglichst geradlinig, kreuzungsfrei und ohne Richtungsänderung im Allgemeinen parallel zum Schaltplanrand verlaufen.

Bei einer Häufung paralleler Leitungen werden diese gruppiert, jeweils drei Linien zusammen, dann folgt ein Abstand zur nächsten Gruppe usw.

Begrenzungslinien, Umrahmungen

Strichpunktierte Trenn- oder Umrahmungslinien grenzen Teile von Schaltungen ab, um die funktionelle oder konstruktive Zusammengehörigkeit der Geräte oder Teile zu zeigen.

Diese Strich-Punkt-Linie stellt in der Kfz-Elektrik eine nicht leitende Umrahmung von Geräten oder Schaltungsteilen dar; sie entspricht nicht immer dem Schaltungsgehäuse und wird nicht als Gerätemasse verwendet. In der Starkstromelektrik wird diese Umrahmungslinie oft mit dem ebenfalls strichpunktierten Schutzleiter (PE) verbunden.

Abbruchstellen, Kennung, Zielhinweis

Verbindungslinien (Leitungen und mechanische Wirkverbindungen), die über eine größere Strecke des Stromlaufplanes verlaufen, können zur Verbesserung der Übersichtlichkeit unterbrochen werden. Es werden nur Anfang und Ende der Verbindungslinie dargestellt. Die Zusammengehörigkeit dieser Abbruchstellen muss eindeutig erkennbar sein. Hierzu dienen Kennung und / oder Zielhinweis.

Die Kennung an zusammengehörigen Abbruchstellen stimmt überein. Als Kennung dienen:

- Klemmenbezeichnungen (DIN 72552), Bild 11a,
- Angabe der Wirkungsweise,
- Angaben in Form alphanumerischer Zeichen.

Der Zielhinweis wird in Klammern gesetzt, um eine Verwechslung mit der Kennung zu vermeiden; er besteht aus der Abschnittsnummer des Zieles (Bild 11b).

11 Kennzeichnung der Abbruchstellen

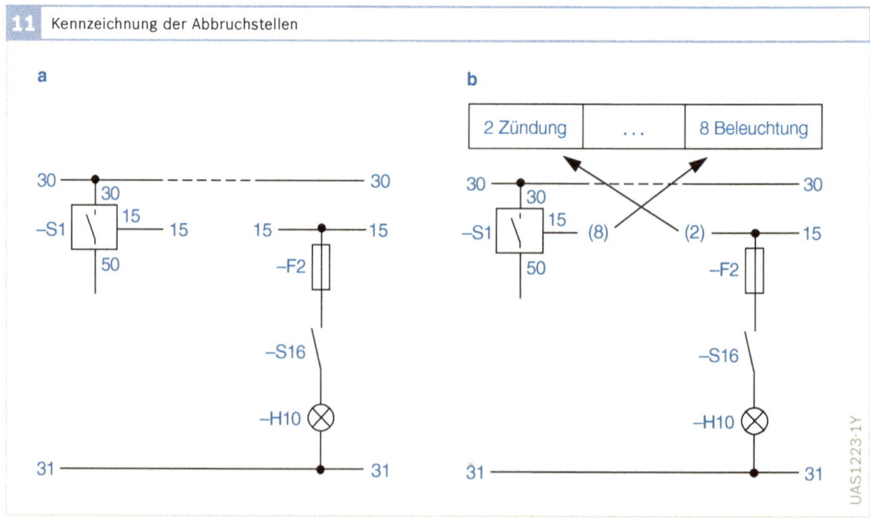

Bild 11

a durch Klemmenbezeichnung, z.B. Kl.15

b durch Zielhinweis, z.B. in Abschnitt 8 und 2

Abschnittskennzeichnung

Zum Auffinden von Schaltungsteilen dient die am oberen Rand des Planes angegebene Abschnittskennzeichnung (früher Stromweg genannt). Für diese Kennzeichnung gibt es drei Möglichkeiten:

- Fortlaufende Zahlen in gleichen Abständen von links nach rechts (Bild 12a),
- Hinweise auf den Inhalt der Schaltungsabschnitte (Bild 12b),
- oder eine Kombination von beiden (Bild 12c).

Beschriftung

Geräte, Teile oder Schaltzeichen sind in Schaltplänen mit einem Buchstaben und einer Zählnummer nach EN 61 346, Teil 2 gekennzeichnet. Diese Kennzeichnung wird links bzw. unterhalb des Schaltzeichens angebracht.

Die in der Norm angegebenen Vorzeichen für die Art der Geräte kann entfallen, wenn sich dadurch keine Zweideutigkeit ergibt.

Bei geschachtelten Geräten ist ein Gerät Bestandteil eines anderen, z. B. Starter M1 mit eingebautem Einrückrelais K6. Das Gerätekennzeichen ist dann: - M1 - K6.

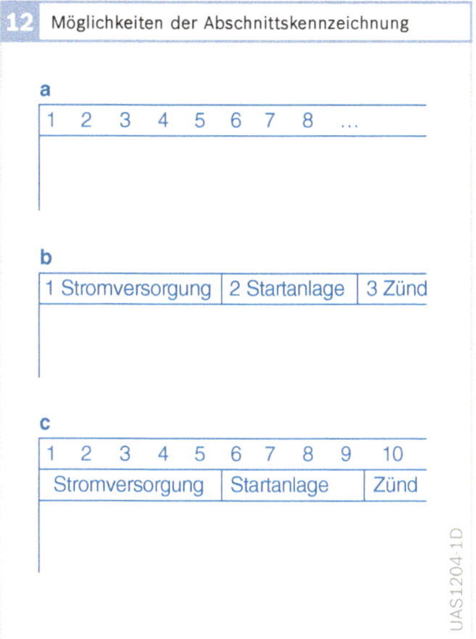

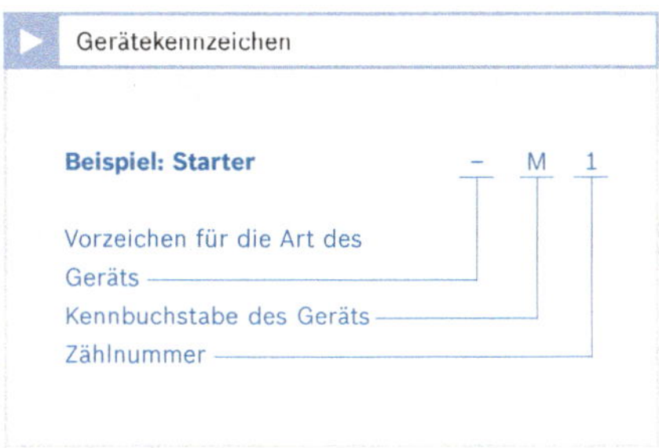

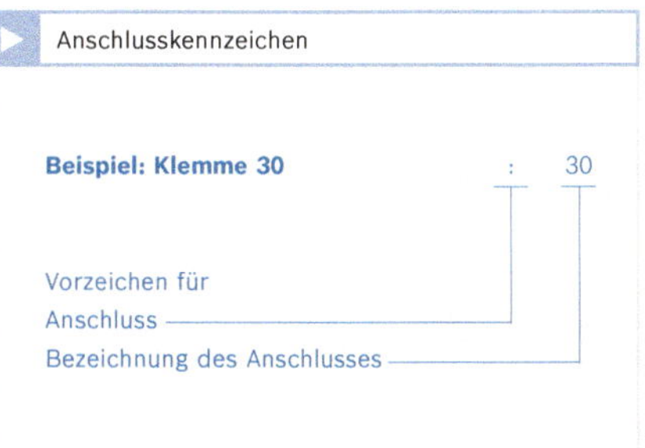

Kennzeichen von zusammengehörigen Schaltzeichen bei aufgelöster Darstellung: Jedes einzelne getrennt dargestellte Schaltzeichen eines Geräts erhält die dem Gerät gemeinsame Kennzeichnung.

Anschlussbezeichnungen (zum Beispiel nach DIN 72 552) sind außerhalb des Schaltzeichens, bei Umrahmungslinien vorzugsweise außerhalb der Umrahmung zu schreiben.

Bei horizontalem Verlauf der Stromwege gilt: Die den einzelnen Schaltzeichen zugeordneten Angaben werden unter die betreffenden Schaltzeichen geschrieben. Die Anschlusskennzeichnung steht unmittelbar außerhalb des eigentlichen Schaltzeichens oberhalb der Verbindungslinie.

Bei vertikalem Verlauf der Stromwege gilt: Die den einzelnen Schaltzeichen zugeordneten Angaben werden links neben die betreffenden Schaltzeichen geschrieben. Die Anschlusskennzeichnung steht unmittelbar außerhalb des eigentlichen Schaltzeichens, bei horizontaler Schreibweise rechts und bei vertikaler Schreibweise links neben der Verbindungslinie.

Bild 12
a mit umlaufenden Zahlen
b mit Hinweisen auf die Abschnitte
c mit einer Kombination aus a und b

Anschlussplan

Der Anschlussplan zeigt die Anschlusspunkte elektrischer Geräte und die daran angeschlossenen äußeren und - wenn nötig - inneren leitenden Verbindungen (Leitungen).

Darstellung

Die einzelnen Geräte sind durch Quadrate, Rechtecke, Kreise und Schaltzeichen oder auch bildlich dargestellt und können lagerichtig angeordnet sein. Als Anschlussstellen dienen Kreis, Punkt, Steckverbindung oder nur die herangeführte Leitung. Folgende Darstellungsarten sind in der Kraftfahrzeugelektrik üblich:

- zusammenhängend, Schaltzeichen entsprechen EN 60 617 (Bild 13a),
- zusammenhängend, bildliche Gerätedarstellung (Bild 13b),
- aufgelöst, Gerätedarstellung mit Schaltzeichen, Anschlüsse mit Zielhinweisen; Farbkennung der Leitungen möglich (Bild 14a bzw. Tabelle 2),
- aufgelöst, bildliche Gerätedarstellung, Anschlüsse mit Zielhinweisen; Farbkennung der Leitungen möglich (Bild 14b).

Beschriftung

Kennzeichnung der Geräte nach EN 61 346, Teil 2. Anschlussklemmen und Steckverbindungen werden mit den am Gerät vorhandenen Klemmenbezeichnungen bezeichnet (Bild 13).

Bei aufgelöster Darstellung entfallen die durchgehenden Verbindungsleitungen von Gerät zu Gerät. Alle von einem Gerät abgehenden Leitungen erhalten einen Zielhinweis (EN 61 346, Teil 2), bestehend aus dem Kennzeichen des Zielgeräts und dessen Anschlussbezeichnung und - wenn notwendig - der Angabe der Leitungsfarbe nach DIN 47 002 (Bild 15 bzw. Tabelle 1).

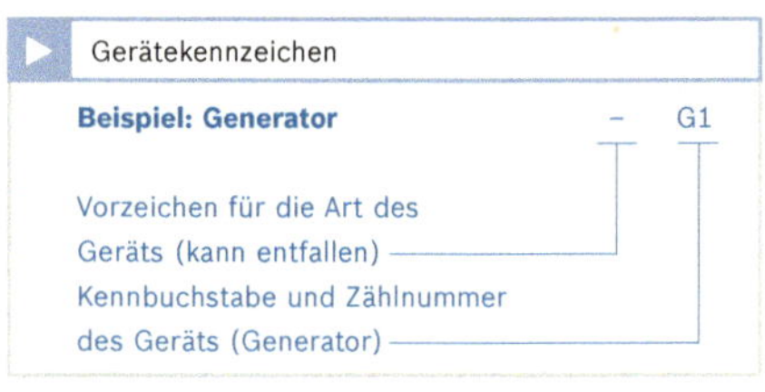

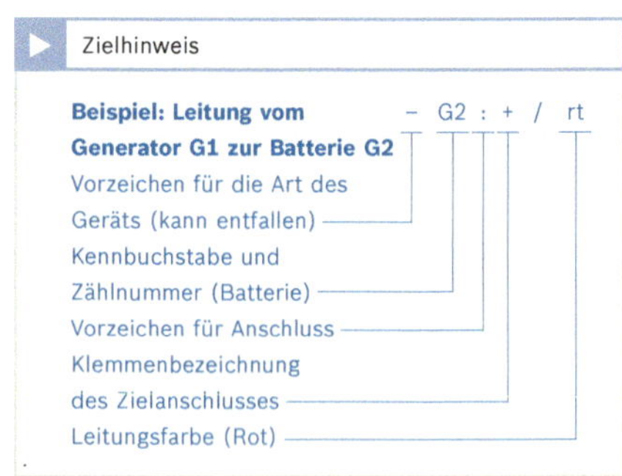

Tabelle 2

2 Farbkennung für elektrische Leitungen (nach DIN 47 002)

bl	blau	gn	grün	sw	schwarz
br	braun	or	orange	tk	türkis
ge	gelb	rs	rosa	vi	violett
gr	grau	rt	rot	ws	weiß

13 Anschlussplan (zusammenhängende Darstellung)

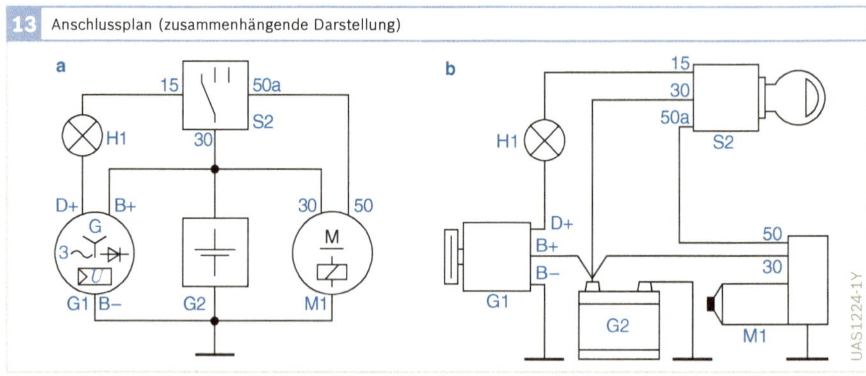

Bild 13
a mit Schaltzeichen
b mit Geräten

14 Anschlussplan (aufgelöste Darstellung)

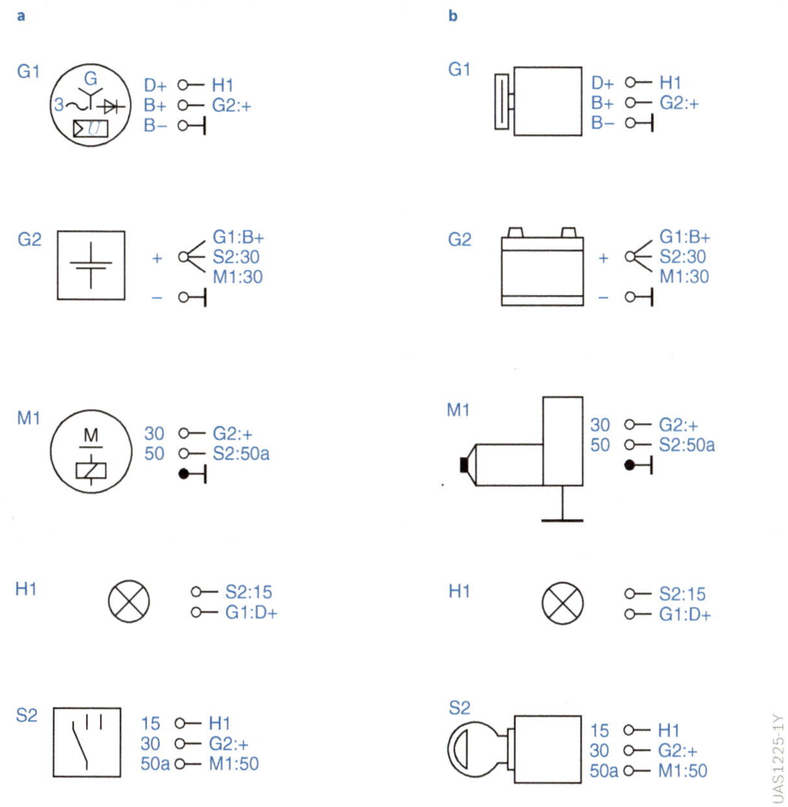

a

G1 D+ H1 B+ G2:+ B–
G2 + G1:B+ S2:30 M1:30 –
M1 30 G2:+ 50 S2:50a
H1 S2:15 G1:D+
S2 15 H1 30 G2:+ 50a M1:50

b

G1 D+ H1 B+ G2:+ B–
G2 + G1:B+ S2:30 M1:30 –
M1 30 G2:+ 50 S2:50a
H1 S2:15 G1:D+
S2 15 H1 30 G2:+ 50a M1:50

UAS1225-1Y

Bild 14

a Mit Schaltzeichen und Zielhinweisen
b mit Geräten und Zielhinweisen
G1 Drehstromgenerator mit Regler
G2 Batterie
H1 Generatorkontrollleuchte
M1 Startermotor
S2 Zündstartschalter
XX Gerätemasse auf Fahrzeugmasse
YY Anschlussklemme für Masseverbindung
:15 Leitungspotenzial, z. B. Klemme 15

15 Gerätekennzeichen (Beispiel: Generator)

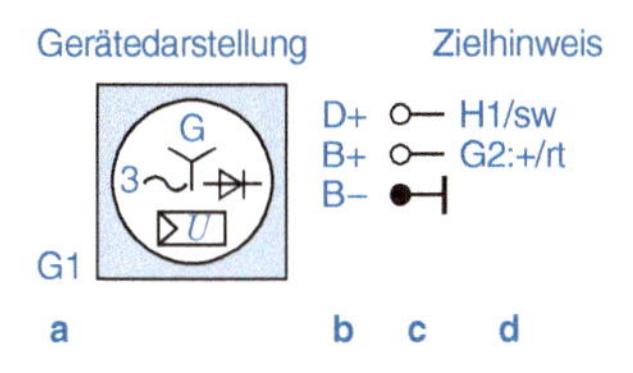

UAS1055-1D

Bild 15

a Gerätekennzeichen (Kennbuchstabe und Zählnummer)
b Klemmenbezeichnung am Gerät
c Gerät an Masse
d Zielhinweis (Kennbuchstabe und Zählnummer/ Klemmenbezeichnung/ Leitungsfarbe)

Wirkschaltplan

Für die Fehlersuche bei komplexen und vielfach vernetzten Systemen mit Eigendiagnose-Funktion hat Bosch die systemspezifischen Stromlaufpläne entwickelt. Für weitere Systeme in einer Vielzahl von Kraftfahrzeugen stellt Bosch Wirkschaltpläne in ESI[tronic] (Elektronische Service Information) zur Verfügung. Damit haben Kfz-Werkstätten eine wertvolle Hilfe, um Fehler zu lokalisieren oder zusätzliche Einbauten sinnvoll anzuschließen. Bild 17 zeigt als Beispiel den Wirkschaltplan für ein Türverriegelungssystem.

Abweichend von den Stromlaufplänen enthalten die Wirkschaltpläne amerikanische Schaltsymbole, die durch zusätzliche Beschreibungen ergänzt werden (Bild 16). Hierzu gehören Komponentencodes – z. B. „A28" (Diebstahlschutzsystem –, die in Tabelle 3 erläutert sind sowie die Erläuterung der Leitungsfarben (Tabelle 4). Beide Tabellen lassen sich in ESI[tronic] aufrufen.

Tabelle 3

3 Erläuterung der Komponentencodes

Position	Benennung
A1865	Elektrisch verstellbares Sitzsystem
A28	Diebstahlschutzsystem
A750	Sicherungs-/Relaiskasten
F53	Sicherung C
F70	Sicherung A
M334	Förderpumpe
S1178	Warnsummerschalter
Y157	Unterdruck-Stellglied
Y360	Stellglied, Tür, vorne, rechts
Y361	Stellglied, Tür, vorne, links
Y364	Stellglied, Tür, hinten, rechts
Y365	Stellglied, Tür, hinten, links
Y366	Stellglied, Tankdeckel
Y367	Stellglied, Schloss, Kofferraum, Heckklappe, Deckel

Tabelle 4

4 Erläuterung der Leitungsfarben

Position	Benennung
Position	Benennung
BLK	schwarz
BLU	blau
BRN	braun
CLR	transparent
DK BLU	dunkelblau
DK GRN	dunkelgrün
GRN	grün
GRY	grau
LT BLU	hellblau
LT GRN	hellgrün
NCA	Farbe nicht bekannt
ORG	orange
PNK	rosa
PPL	purpur
RED	rot
TAN	hautfarben
VIO	violett
WHT	weiß
YEL	gelb

16 Zusätzliche Beschreibungen in den Wirkschaltplänen

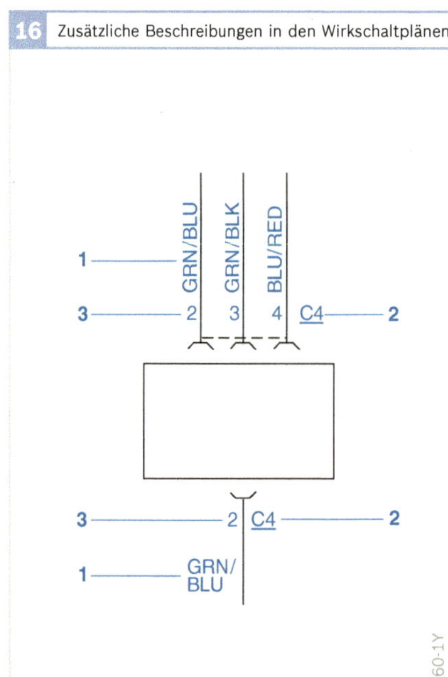

Bild 16
1 Leitungsfarbe
2 Verbindernummer
3 PIN-Nummer (eine gestrichelte Linie zwischen den PINs zeigt, dass alle PINs zu demselben Stecker gehören)

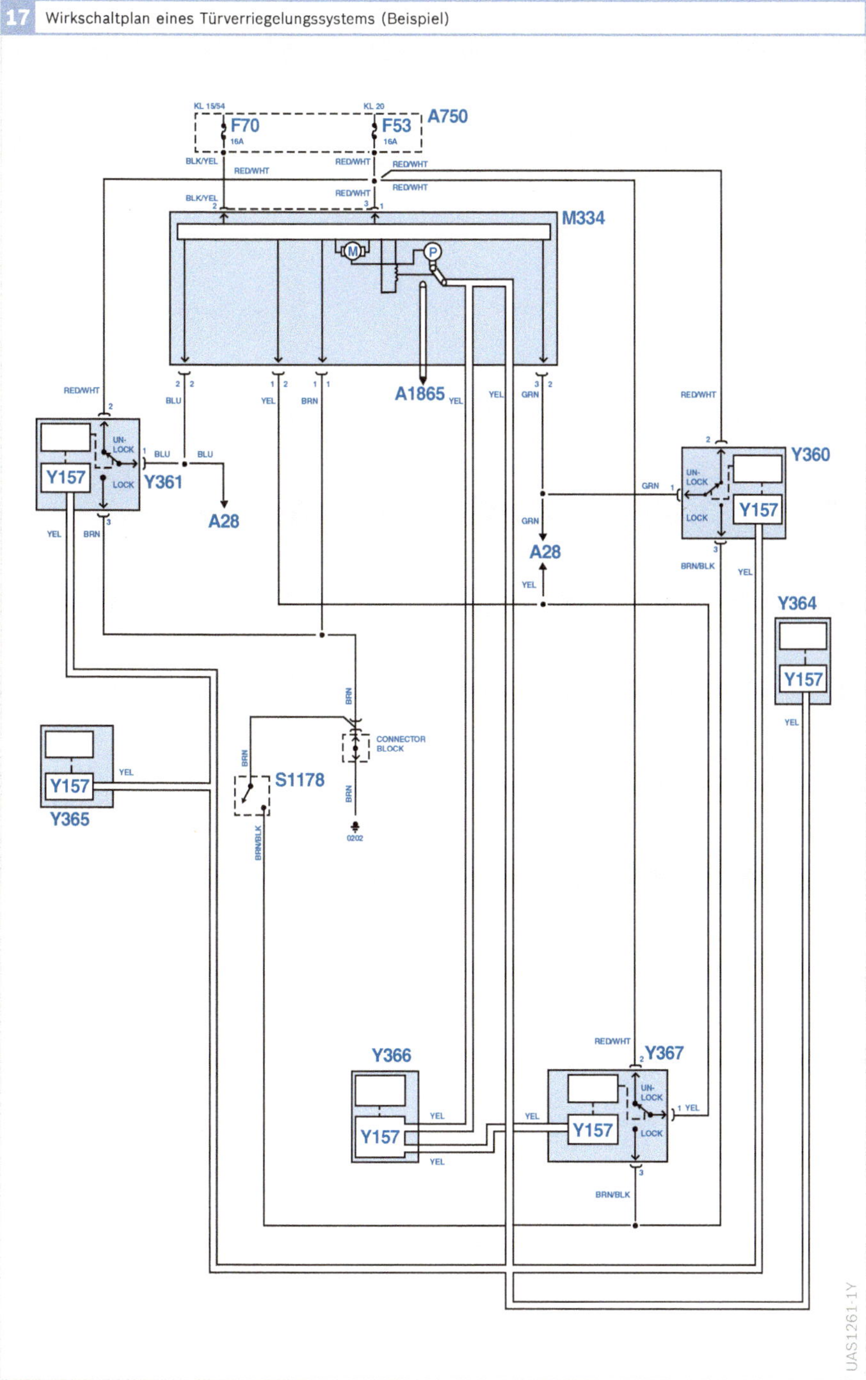

17 Wirkschaltplan eines Türverriegelungssystems (Beispiel)

Die Wirkschaltpläne sind nach Systemkreisen und gegebenenfalls auch nach Subsystemen gegliedert (Tabelle 5). Wie bei anderen Systemen innerhalb ESI[tronic] gibt es auch bei den Systemkreisen eine Zuordnung zu vier Baugruppen:

- Motor,
- Karosserie,
- Fahrwerk und
- Triebstrang.

Tabelle 5

5	Systemkreise
1	Motorsteuerung
2	Starten/Laden
3	Klima/Heizung
4	Kühlergebläse
5	ABS
6	Tempomat
7	Fensterheber
8	Zentralverriegelung
9	Armaturenbrett
10	Wisch/Waschanlage
11	Scheinwerfer
12	Außenbeleuchtung
13	Stromversorgung
14	Masseverteilung
15	Datenleitung
16	Schaltsperre
17	Diebstahlsicherung
18	Passive Sicherheitssysteme
19	Elektrische Antenne
20	Warnanlage
21	Heizbare Scheibe/Spiegel
22	Zusätzliche Sicherheitssysteme
23	Innenbeleuchtung
24	Servolenkung
25	Spiegelverstellung
26	Verdeckbetätigung
27	Signalhorn
28	Kofferraum, Heckklappe
29	Sitzverstellung
30	Elektronische Dämpfung
31	Zigarettenanzünder, Steckdose
32	Navigation
33	Getriebe
34	Aktive Karosserieteile
35	Schwingungsdämpfung
36	Mobiltelefon
37	Autoradio/Hi-Fi
38	Wegfahrsperre

Besonders bei zusätzlichen Einbauten ist es wichtig, die Massepunkte zu kennen. Deshalb enthält ESI[tronic] als Ergänzung zu den Wirkschaltplänen für ein bestimmtes Kraftfahrzeug auch den fahrzeugspezifischen Lageplan der Massepunkte (Bild 18).

18 Massepunkte

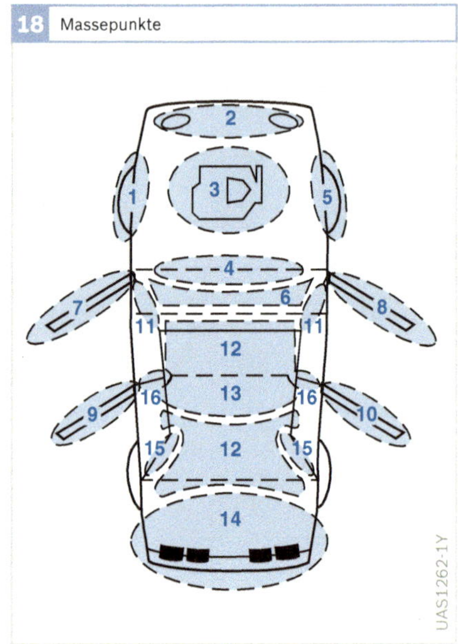

Bild 18
1 Kotflügel vorne links
2 Fahrzeugvorbau
3 Motor
4 Stirnwand
5 Kotflügel vorne rechts
6 Fußraumwand bzw. Armaturenbrett
7 Vordertür links
8 Vordertür rechts
9 Fondtür links
10 Fondtür rechts
11 A-Säulen
12 Fahrgastraum
13 Dach
14 Fahrzeug-Heckteil
15 C-Säulen
16 B-Säulen

Kennzeichnung von elektrischen Geräten

Die Kennzeichnung nach EN 61346, Teil 2 (Tabelle 6) dient zur eindeutigen, international verständlichen Identifizierung von Anlagen, Teilen usw., die durch Schaltzeichen in einem Schaltplan dargestellt sind. Sie erscheint neben dem Schaltzeichen und besteht aus einer Folge von festgelegten Vorzeichen, Buchstaben und Zahlen.

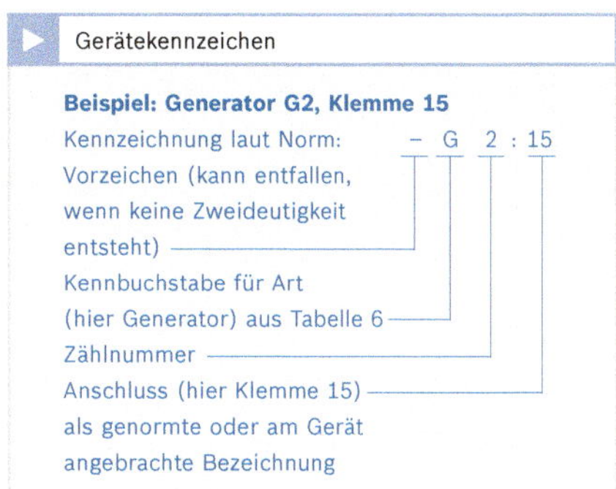

6 Kennbuchstaben zur Kennzeichnung von elektrischen Geräten

Kennbuchstabe	Art	Beispiele
A	Anlage, Baugruppe, Teilegruppe	ABS-Steuergerät, Autoradio, Autosprechfunk, Autotelefon, Diebstahlalarmanlage, Gerätebaugruppe, Schaltgerät, Steuergerät, Tempomat
B	Umsetzer von nichtelektrischen auf elektrische Größen oder umgekehrt	Bezugsmarkengeber, Druckschalter, Fanfare, Horn, Lambda-Sonde, Lautsprecher, Luftmengenmesser, Mikrofon, Öldruckschalter, Sensoren aller Art, Zündauslöser
C	Kondensator	Kondensatoren aller Art
D	Binäres Element, Speicher	Bordcomputer, digitale Einrichtung, integrierter Schaltkreis, Impulszähler, Magnetbandgerät
E	Verschiedene Geräte und Einrichtungen	Heizeinrichtung, Klimaanlage, Leuchte, Scheinwerfer, Zündkerze, Zündverteiler
F	Schutzeinrichtung	Auslöser (Bimetall), Polaritätsschutzgerät, Sicherung, Stromschutzschaltung
G	Stromversorgung, Generator	Batterie, Generator, Ladegerät
H	Kontrollgerät, Meldegerät, Signalgerät	Akustisches Meldegerät, Anzeigelampe, Blinkkontrolle, Blinkleuchte, Bremsbelagkontrolle, Bremsleuchte, Fernlichtanzeige, Generatorkontrolle, Kontrolllampe, Meldegerät, Öldruckkontrolle, optisches Meldegerät, Signallampe, Warnsummer
K	Relais, Schütz	Batterierelais, Blinkgeber, Blinkrelais, Einrückrelais, Startrelais, Warnblinkgeber
L	Induktivität	Drosselspule, Spule, Wicklung
M	Motor	Gebläsemotor, Lüftermotor, Pumpenmotor für ABS-/ASR-/ESP-Hydroaggregate, Scheibenspüler-/Scheibenwischermotor, Startermotor, Stellmotor
N	Regler, Verstärker	Regler (elektronisch oder elektromechanisch), Spannungskonstanthalter

Tabelle 6

6 Kennbuchstaben zur Kennzeichnung von elektrischen Geräten (Fortsetzung)

Kennbuchstabe	Art	Beispiele
P	Messgerät	Amperemeter, Diagnoseanschluss, Drehzahlmesser, Druckanzeige, Fahrtschreiber, Messpunkt, Prüfpunkt, Tachometer
R	Widerstand	Glühstiftkerze, Flammkerze, Heizwiderstand, Heißleiter, Kaltleiter, Potenziometer, Regelwiderstand, Vorwiderstand
S	Schalter	Schalter und Taster aller Art, Zündunterbrecher
T	Transformator	Zündspule, Zündtransformator
U	Modulator, Umsetzer	Gleichstromwandler
V	Halbleiter, Röhre	Darlington, Diode, Elektronenröhre, Gleichrichter, Halbleiter aller Art, Kapazitätsdiode, Transistor, Thyristor, Z-Diode
W	Übertragungsweg, Leitung, Antenne	Autoantenne, Abschirmteil, geschirmte Leitung, Leitungen aller Art, Leitungsbündel, Masse(sammel)leitung
X	Klemme, Stecker, Steckverbindung	Anschlussbolzen, elektrische Anschlüsse aller Art, Kerzenstecker, Klemme, Klemmenleiste, elektrische Leitungskupplung, Leitungsverbinder, Stecker, Steckdose, Steckerleiste, (Mehrfach-)Steckverbindung, Verteilerstecker
Y	elektrisch betätigte mechanische Einrichtung	Dauermagnet, Einspritz(magnet)ventil, Elektromagnetkupplung, elektromagnetische Bremse, Elektroluftschieber, Elektrokraftstoffpumpe, Elektromagnet, Elektrostartventil, Getriebesteuerung, Hubmagnet, Kick-down-Magnetventil, Leuchtweiteregler, Niveauregelventil, Schaltventil, Startventil, Türverriegelung, Zentralschließeinrichtung, Zusatzluftschieber
Z	elektrisches Filter	Entstörglied, Entstörfilter, Siebkette, Zeituhr

Tabelle 6 (Fortsetzung)

Klemmenbezeichnungen

Das in der Norm (DIN 72552) für die elektrische Anlage im Kraftfahrzeug festgelegte System der Klemmenbezeichnungen soll ein möglichst fehlerfreies Anschließen aller Leitungen an den Geräten, vor allem bei Reparaturen und Ersatzeinbauten, möglich machen.

Die Klemmenbezeichnungen (Tabelle 7) sind nicht gleichzeitig Leitungsbezeichnungen, da an beiden Enden einer Leitung Geräte mit unterschiedlicher Klemmenbezeichnung angeschlossen sein können. Die Klemmenbezeichnungen brauchen infolgedessen nicht an den Leitungen angebracht zu werden.

Neben den aufgeführten Klemmenbezeichnungen können auch Bezeichnungen nach DIN-VDE-Normen bei elektrischen Maschinen verwendet werden. Mehrfach-Steckverbindungen, bei denen die Klemmenbezeichnungen nach DIN 72552 nicht mehr ausreichend sind, erhalten fortlaufende Zahlen oder Buchstabenbezeichnungen, die keine durch die Norm festgelegte Funktionszuordnung haben.

7 Klemmenbezeichnungen nach DIN 72552

Klemme	Bedeutung
1	**Zündspule, Zündverteiler** Niederspannung
	Zündverteiler mit zwei getrennten Stromkreisen
1a	zum Zündunterbrecher I
1b	zum Zündunterbrecher II
2	Kurzschließklemme (Magnetzündung)
4	**Zündspule, Zündverteiler** Hochspannung
	Zündverteiler mit zwei getrennten Stromkreisen
4a	von Zündspule I, Klemme 4
4b	von Zündspule II, Klemme 4
15	Geschaltetes Plus hinter Batterie (Ausgang Zünd-[Fahrt]-Schalter)
15a	Ausgang am Vorwiderstand zur Zündspule und zum Starter
	Glühstartschalter
17	Starten
19	Vorglühen
30	Eingang von Batterie Plus (direkt)
	Batterieumschaltrelais 12/24 V
30a	Eingang von Batterie II Plus
31	Rückleitung ab Batterie Minus oder Masse (direkt)
31b	Rückleitung an Batterie Minus oder Masse über Schalter oder Relais (geschaltetes Minus)
	Batterieumschaltrelais 12/24 V
31a	Rückleitung an Batterie II Minus
31c	Rückleitung an Batterie I Minus
	Elektromotoren
32	Rückleitung[1])
33	Hauptanschluss[1])
33a	Endabstellung
33b	Nebenschlussfeld
33f	für zweite kleinere Drehzahlstufe
33g	für dritte kleinere Drehzahlstufe
33h	für vierte kleinere Drehzahlstufe
33L	Drehrichtung links
33R	Drehrichtung rechts
	Starter
45	Getrenntes Startrelais, Ausgang Starter: Eingang (Hauptstrom)
	Zwei-Starter-Parallelbetrieb **Startrelais für Einrückstrom**
45a	Ausgang Starter I Eingang Starter I und II
45b	Ausgang Starter II
48	Klemme am Starter und am Startwiederholrelais Überwachung des Startvorgangs
	Blinkgeber (Impulsgeber)
49	Eingang
49a	Ausgang
49b	Ausgang zweiter Blinkkreis
49c	Ausgang dritter Blinkkreis

Tabelle 7

[1]) Polaritätswechselklemme 32/33 möglich

7 Klemmenbezeichnungen nach DIN 72552 (Fortsetzung)

Klemme	Bedeutung
	Starter
50	Startersteuerung (direkt)
	Batterieumschaltrelais
50a	Ausgang für Startersteuerung
	Startersteuerung
50b	Parallelbetrieb von zwei Startern mit Folgesteuerung
	Startrelais für Folgesteuerung des Einrückstroms bei Parallelbetrieb von zwei Startern
50c	Eingang in Startrelais für Starter I
50d	Eingang in Startrelais für Starter II
	Startsperrrelais
50e	Eingang
50f	Ausgang
	Startwiederholrelais
50g	Eingang
50h	Ausgang
	Wechselstromgenerator
51	Gleichspannung am Gleichrichter
51e	Gleichspannung am Gleichrichter mit Drosselspule für Tagfahrt
	Anhängersignale
52	Weitere Signalgebung vom Anhänger zum Zugwagen
53	Wischermotor, Eingang (+)
53a	Wischer (+), Endabstellung
53b	Wischer (Nebenschlusswicklung)
53c	Elektr. Scheibenspülerpumpe
53e	Wischer (Bremswicklung)
53i	Wischermotor mit Permanentmagnet und dritter Bürste (für höhere Geschwindigkeit)
55	Nebelscheinwerfer
56	Scheinwerferlicht
56a	Fernlicht und Fernlichtkontrolle
56b	Abblendlicht
56d	Lichthupenkontakt
57	Standlicht für Krafträder (im Ausland auch für Pkw, Lkw usw.)
57a	Parklicht
57L	Parklicht links
57R	Parklicht rechts
58	Begrenzungs-, Schluss-, Kennzeichen- und Instrumentenleuchten
58b	Schlusslichtumschaltung bei Einachsschleppern
58c	Anhänger-Steckvorrichtung für einadrig verlegtes und im Anhänger abgesichertes Schlusslicht
58d	Regelbare Instrumentenbeleuchtung, Schluss- und Begrenzungsleuchte
58L	links
58R	rechts, Kennzeichenleuchte
	Wechselstromgenerator (Magnetzünder-Generator)
59	Ausgang Wechselspannung Eingang Gleichrichter
59a	Ausgang Ladeanker
59b	Ausgang Schlusslichtanker
59c	Ausgang Bremslichtanker
61	Generatorkontrolle
	Tonfolgeschaltgerät
71	Eingang
71a	Ausgang zu Horn 1 und 2 tief
71b	Ausgang zu Horn 1 und 2 hoch
72	Alarmschalter (Rundumkennleuchte)
75	Radio, Zigarettenanzünder
76	Lautsprecher
77	Türventilsteuerung
	Anhängersignale
54	Anhänger-Steckvorrichtungen und Leuchtenkombinationen Bremslicht
54g	Druckluftventil für Dauerbremse im Anhänger, elektromagnetisch betätigt
	Schalter, Öffner und Wechsler
81	Eingang
81a	erster Ausgang (Öffnerseite)
81b	zweiter Ausgang (Öffnerseite)
	Schließer
82	Eingang
82a	erster Ausgang
82b	zweiter Ausgang
82z	erster Eingang
82y	zweiter Eingang
	Mehrstellenschalter

Tabelle 7 (Fortsetzung)

7 Klemmenbezeichnungen nach DIN 72552 (Fortsetzung)

Klemme	Bedeutung
	Schalter, Öffner und Wechsler (Fortsetzung)
83	Eingang
83 a	Ausgang (Stellung 1)
83 b	Ausgang (Stellung 2)
83 L	Ausgang (Stellung links)
83 R	Ausgang (Stellung rechts)
	Stromrelais
84	Eingang Antrieb und Relaiskontakt
84 a	Ausgang Antrieb
84 b	Ausgang Relaiskontakt
	Schaltrelais
85	Ausgang Antrieb (Wicklungsende Minus oder Masse)
	Eingang Antrieb
86	Wicklungsanfang
86 a	Wicklungsanfang oder erste Wicklung
86 b	Wicklungsanzapfung oder zweite Wicklung
	Relaiskontakt bei Öffner und Wechsler
87	Eingang
87 a	erster Ausgang (Öffnerseite)
87 b	zweiter Ausgang
87 c	dritter Ausgang
87 z	erster Eingang
87 y	zweiter Eingang
87 x	dritter Eingang
	Relaiskontakt bei Schließer
88	Eingang
	Relaiskontakt bei Schließer und Wechsler (Schließerseite)
88 a	erster Ausgang
88 b	zweiter Ausgang
88 c	dritter Ausgang
	Relaiskontakt bei Schließer
88 z	erster Eingang
88 y	zweiter Eingang
88 x	dritter Eingang
	Generator und Generatorregler
B+	Batterie Plus
B−	Batterie Minus
D+	Dynamo Plus
D−	Dynamo Minus
DF	Dynamo Feld
DF 1	Dynamo Feld 1
DF 2	Dynamo Feld 2

Klemme	Bedeutung
	Drehstromgenerator
U, V, W	Drehstromklemmen
	Fahrtrichtungsanzeige (Blinkgeber)
C	erste Kontrolllampe
C 0	Hauptanschluss für vom Blinkgeber getrennte Kontrolllampe
C 2	zweite Kontrolllampe
C 3	dritte Kontrolllampe (z. B. beim Zwei-Anhänger-Betrieb)
L	Blinkleuchten links
R	Blinkleuchten rechts

Tabelle 7
(Fortsetzung)

Verständnisfragen

Die Verständnisfragen dienen dazu, den Wissensstand zu überprüfen. Die Antworten zu den Fragen finden sich in den Abschnitten, auf die sich die jeweilige Frage bezieht. Daher wird hier auf eine explizite „Musterlösung" verzichtet. Nach dem Durcharbeiten des vorliegenden Teils des Fachlehrgangs sollte man dazu in der Lage sein, alle Fragen zu beantworten. Sollte die Beantwortung der Fragen schwer fallen, so wird die Wiederholung der entsprechenden Abschnitte empfohlen.

1. Wie erfolgt die elektrische Energieversorgung im Kfz?
2. Wie werden die Verbraucher klassifiziert?
3. Wie wird die Spannung geregelt und die Batterie geladen?
4. Welche Bordnetzstrukturen gibt es und wodurch sind sie charakterisiert?
5. Worin besteht die Aufgabe des elektrischen Energiemanagements und wie funktioniert es? Welche Rolle spielt die Batteriezustandserkennung?
6. Welche Bordnetzkenngrößen gibt es und welche Rolle spielen sie?
7. Wie sind Kabelbäume und Steckverbinder aufgebaut?
8. Was sind die Aufgaben einer Starterbatterie? Wie ist sie aufgebaut? Wie arbeitet sie?
9. Welche Ausführungen von Batterien gibt es? Wodurch sind sie charakterisiert?
10. Welche Batteriekenngrößen gibt es und welche Rolle spielen sie?
11. Was bedeutet die Typenbezeichnung einer Batterie?
12. Wie werden Batterien getestet?
13. Wie werden Batterien gewartet?
14. Wie funktioniert ein Generator, insbesondere ein Drehstromgenerator?
15. Wie wird die Spannung gleichgerichtet?
16. Wie funktioniert die Erregung und die Vorerregung?
17. Wozu dient die Spannungsregelung und wie funktioniert sie?
18. Welche Arten von Spannungsreglern gibt es und wie funktionieren sie?
19. Wodurch entstehen Überspannungen und welche Schutzarten gibt es?
20. Welche Kennlinien für Generatoren gibt es und was kann man daraus ablesen?
21. Welche Ausführungen von Generatoren gibt es? Wie sind sie aufgebaut und wie funktionieren sie?
22. Welche Arten von Kopplungen spielen bei der elektromagnetischen Verträglichkeit eine Rolle? Wie erfolgen diese Kopplungen?
23. Welche Arten von elektromagnetischen Störungen gibt es? Wie wirken sich diese Störungen aus?
24. Wie wird die Störfestigkeit geprüft?
25. Welche Faktoren spielen bei der elektromagnetischen Verträglichkeit zwischen Fahrzeug und Umgebung eine Rolle? Wie erfolgt die Messung?
26. Wie wird die Störfestigkeit sichergestellt?

Abkürzungsverzeichnis

A

ABC: Active Body Control (Fahrwerksregelung)
ABS: Antiblockiersystem
AC: Alternating Current
ACC: Adaptive Cruise Control
ACL: Asynchronous Connection Less
ADC: Analog Digital Converter
AFH: Adaptive Frequency Hopping
AFM: Antiferromagnet
AKSE: Automatische Kindersitzerkennung
ALE: Address Latch Enable
ALU: Arithmetisch-logische Einheit
ALWR: Automatische Leuchtweitenregulierung
AMA: Active Member Address
AMR: Anisotrop Magneto Resistive
AMS: Application Message Service
AOS: Automotive Occupancy Sensing
APB: Automated Parking Brake
ARS: Angle of Rotation Sensor
ASC: Active Suspension Control
ASG: Automatisches Schaltgetriebe
ASIC: Application Specific Integrated Circuit (Anwendungsbezogene Integrierte Schaltung)
ASIS: Active Shift Strategy
ASR: Antriebsschlupfregelung
ASSP: Application Specific Standard Product
AT: Attention Sequence
AT: Automatgetriebe
ATF: Automatic Transmission Fluid
Autosar: Automotive Open Systems Architecture
AWN: Asanetwork Werkstattnetz

B

BCI: Bulk-Current-Injection
BD: Bus-Driver
BG: Bus Guardian
BGE: Bus Guardian Enable
Bit: Binary Digit
BITE: Built In Test (Eigentest)
BKS: Bauteilkontrollsystem (Leiterplattenherstellung, Fertigungsablauf)
BLDC: Brushless DC Motor (Bürstenloser Gleichstrommotor)
BM: Bus Minus
BMK: Bosch-Mikro-Kontakt
BNEP: Bluetooth Network Encapsulation Protocol
BN-SG: Bordnetz-Steuergerät
BP: Bus Plus
BSK: Bosch-Sensor/Steller-Kontakt
BSS: Byte Start Sequence
BWN: Bosch-Werkstattnetz
BZE: Batteriezustandserkennung

C

CAC: Channel Acces Code
CAD: Computer Aided Design (Computerunterstütztes Entwerfen)
CAE: Computer Aided Engineering (Computerunterstützte Entwicklung)
CAL: Computer Aided Lighting
CAM: Computer Aided Manufacturing (Computerunterstützte Fertigung)
CAN: Controller Area Network
CAS: Collision Avoidance Symbol
CBG: Central Bus Guardian
CCD: Charge Coupled Device
CCFL: Kaltkathoden-Fluoreszenz-Lampen
CD: Compact Disc
CDM: Code Division Multiplex
CDMA: Code Division Multiple Access
CD-Technik: Converging-Diverging
CHI: Controller Host Interface
CHMSL: Center High-Mounted Stop Lamp
CISC: Complex-Instruction-Set-Computer
CISPR: Comité international spécial des perturbations (spezielles Komitee für elektromagnetische Störungen)
CMOS: Complementary Metal Oxide Semiconductor (Komplementäre MOS-Technik)
CMS: Control Message Service
COP: Coil on Plug
CPU: Central Processing Unit (Zentrale Recheneinheit des Mikrocontrollers)
CRC: Cyclic Redundancy Checksum
CVG: Coriolis Vibrating Gyros
CVSD: Continuous Variable Slope Delta Modulation
CVT: Continuously Variable Transmission

D

DAC: Device Access Code
DAC: Digital Analog Converter
DC: Direct Current
DF: Drehzahlfühler
DI: Direct Injection (Direkteinspritzung)
DIN: Deutsches Institut für Normung
DMA: Direct-Memory-I/O-Access
DMS: Dehnmessstreifen bzw. Dehnwiderstand
DPSK: Differential Phase Shift Keying
DRO: Dielectric Resonance Oscillator
DRS-MM: Drehratesensor, mikromechanisch
DSP: Digitaler Signalprozessor
DSTN-LCD: Doppelschicht-STN-LCD
DTS: Dynamic Trailing Sequence
DVD: Digital Versatile Disc
DWS: Drehwinkelsensor

E

EAS: Electronic Active Steering
EBS: Extended Byte Sequence
EBS: Elektronischer Batteriesensor
ECE: Economic Commission for Europe (Europäische Wirtschaftskommission der Vereinten Nationen UN)
ECU: Electronic Control Unit (Steuergerät)
EDC: Electronic Diesel Control (Elektronische Dieselregelung)
EDR: Enhanced Data Rate
EDV: Elektronische Datenverarbeitung
EE: Elektrik/Elektronik
EEM: Elektrisches Energie-Management
EEPROM (E^2PROM): Electrically Erasable Programmable Read Only Memory (elektrisch löschbarer programmierbarer Nur-Lese-Speicher)
EG: Europäische Gemeinschaft
EL: Elektrolumineszenz-Folien
EMM: Elektrisches Energie-Management
EMV: Elektromagnetische Verträglichkeit
EOL: End of Line
EPROM: Erasable Programmable Read Only Memory (Löschbarer programmierbarer Nur-Lese-Speicher)
ESD: Electrostatic Discharge
ESI: Elektronische Service-Informationen
ESP: Elektronisches Stabilitätsprogramm
ETN: Europäische Typnummer
EU: Europäische Union
EW: Endwert des Messbereichs
EWG: Europäische Wirtschaftsgemeinschaft

F

FEC: Forward Error Correction
FEM: Finite Elemente Methode
FES: Frame End Sequence
FET: Feldeffekttransistor
FFT: Fast Fourier Transformation
FH/TDD: Frequency Hop/ Time Division Duplex
FHSS: Frequency Hopping Spread Spectrum
FIR-Filter: Finite Impulse Response-Filter (nichtrekursives oder Transversal-Filter)
Flash-EPROM: Flash-Erasable Programmable Read Only Memory (Elektrisch löschbarer programmierbarer Nur-Lese-Speicher)
FLL: Frequency Locked Loop
FMCW: Frequency Modulated Continuous Wave
FMEA: Fehlermöglichkeits- und Einflussanalyse
FMVSS: Federal Motor Vehicle Safety Standard
FOT: Fiber Optic Transceiver
FPK: Frei programmierbares Kombiinstrument
FSK: Frequency Shift Keying
FSR: Force Sensitive Resistance
FSS: Frame Start Sequence
FTDMA: Flexible Time Division Multiple Access
FTM: Fehlertoleranter Mittelwert

G

GAP: Generic Access Profile
GFSK: Gaussian Frequency Shift Keying
GMR: Giant Magneto Resistive
GOEP: Generic Object Exchange Profile
GP: Gedrehte Parabel
GPS: Global Positioning System

H

HCI: Host Controller Interface
HD: Heavy Duty
HDK: Halb-Differenzial-Kurzschlussringsensoren/-geber
HDL: Hardware Description Language
HE: Haupteinspritzung
HFM: Heißfilm-Luftmassenmesser
HHC: Hill Hold Control
HLM: Hitzdraht-Luftmassenmesser
HNS: Homogeneous Numerically calculated Surface
HUD: Head up Display

I

I/O-Ports: In/Out-Ports (Ein-/Ausgänge)
IAC: Inquiry Access Code
IC: Integrated Circuit (Integrierte Schaltung)
ICT: In-Circuit Test (Leiterplattenherstellung, Fertigungsablauf)
IDI: Indirect Injection (Indirekte Einspritzung)
IEEE: Institute of Electrical and Electronics Engineers
IMC: Integrated Magnetic Concentrator
INIC: Intelligent Network Interface Controller
ISG: Integrierter Kurbelwellen-Startergenerator
ISM: Industrial Scientific Medicine
ISO: International Organization for Standardization

K

KS: Klopfsensor
KSN: Kundensuchnummer

L

L2CAP: Logical Link Control and Adaptation Protocol
LAN: Local Area Network
LAP: Lower Address Part
LCD: Liquid Crystal Display
LDF: LIN Description File
LED: Leuchtdioden
LED: Light Emitting Diode
LIN: Local Interconnect Network
Litronic: Light-Electronics
LKS: Lagekontrollsystem (Leiterplattenherstellung, Fertigungsablauf)
LMM: Luftmengenmesser
LS: Lambda-Sonde, unbeheizt (Zweipunkt-Finger-Lambda-Sonde)
LSB: Least Significant Bit
LSF: Lambda-Sonde, Festelektrolyt (Planare Zweipunkt-Lambda-Sonde)
LSH: Lambda-Sonde, beheizt (Zweipunkt-Finger-Lambda-Sonde)
LSI: Large Scale Integration

LSU: Lambda-Sonde Universal (Planare Breitband-Lambda-Sonde)
LTCC: Low Temperature Cofired Ceramic
LWS: Lenkradwinkelsensor

M

MAC: Media Access Control
MAMAC: MOST Asynchronous Medium Access Control
MC, µC: Mikrocontroller
MFR: Multifunktionsregler (Generator)
MHP: MOST High Protocol
MM: Mikromechanik
MOS: Metal Oxide Semiconductor (Isolierschicht-Feldeffekt-Transistor)
MOST: Media Oriented Systems Transport
MSB: Most Significant Bit
MSC: Message Sequence Chart
M-SG: Motor-Steuergerät
MSI: Medium Scale Integration
MTS: Media Access Test Symbol

N

NAP: Non-significant Address Part
NBF: Nadelbewegungsfühler
NBS: Nadelbewegungssensor
NE: Nacheinspritzung
NIC: Network Interface Controller
NIT: Network Idle Time
NM: Network Management
NRZ: Non-Return to Zero
NTC: Negative Temperature Coefficient

O

OBEX: Object Exchange
OC: Occupant Classification
ODB: Offset Deformable Barrier Crash (Offset-Crash gegen weiche Barriere)
OFW: Oberflächenwellen
OMM: Oberflächenmikromechanik
OSI: Open System Interconnection

P

PAN: Personal Area Network
PAS: Peripheral Acceleration Sensor (außenliegender Beschleunigungssensor)
PC: Personal Computer
PCM: Pulse Code Modulation
PD2: Partition Design 2
PDA: Personal Digital Assistant
PES: Poly-Ellipsoid-System
PLC: Powerline communication
PMA: Parked Member Address
POC: Protocol Operation Control
POF: Plastic Optical Fiber
ppm: parts per million
PPP: Point-to-Point Protocol
PPS: Peripheral Pressure Sensor (peripherer Drucksensor)
PROM: Programmable Read Only Memory (Programmierbarer Nur-Lese-Speicher)
PSK: Phase Shift Keying
PTC: Positive Temperature Coefficient
PTFE: Polytetrafluorethylen
PVDF: Polyvinylidenflourid
PZT: Lead Zirconate Titanate (Blei-Zirkonat-Titanat)

R

RADAR: Radiation Detecting and Ranging
RAM: Random Access Memory (Schreib-Lese-Speicher)
RBH: Replaceable Bulb Headlamp
REM: Rasterelektronenmikroskop
RFCOMM: Radio Frequency Communication
RISC: Reduced-Instruction-Set-Computer
ROM: Read Only Memory (Nur-Lese-Speicher)
ROM: Roll Over Mitigation
RS: Rotational Speed Sensor
RWG: Regelweggeber

S

SAE: Society of Automotive Engineers
SAW: Surface Acoustic Wave (Oberflächenwelle)
SCO: Synchronous Connection Oriented
SCU: Sensor & Control Unit
SDAP: Service Discovery Application Protocol
SDP: Service Discovery Protocol
SEI: Software Engineering Institute
SIG: Special Interest Group (Bluetooth)
SiO_2: Silizium Dioxid
SMD: Surface Mounted Device (Oberflächenmontiertes Bauteil)
SMT: Surface Mount Technology (Oberflächenmontagetechnik)
SOC: state of charge (Ladezustand einer Batterie)
SoC: System on a chip
SOF: state of function (Leistungsfähigkeit einer Batterie)
SOH: state of health (Alterungszustand einer Batterie)
SPP: Serial Port Profile
SSI: Small Scale Integration
STN: Super Twisted Nematic
STP: Shielded Twisted Pair
StVO: Straßenverkehrs-Ordnung (Deutschland)
StVZO: Straßenverkehrs-Zulassungsordnung (Deutschland)

T

TA: Technische Anforderungen
TCS BIN: Telephony Control Protocol Specification - Binary
TDD: Time Division Duplex
TDMA: Time Division Multiple Access
TEM: Transversales Elektromagnetisches Feld
TFT-LCD: Thin Film Transistor-Liquid Crystal Display
TN-LCD: Twisted Nematic-Liquid Crystal Display
TSS: Transmission Start Sequence
TTNR: Typteilenummer

U

UAP: Upper Address Part
UART: Universal Asynchronous Receiver Transmitter
UTP: Unshielded Twisted Pair
UV: Ultraviolett
UVV: Unfallverhütungsvorschrift

V

VCSEL: Vertical Cavity Surface Emitting Laser
VDA: Verband der deutschen Automobilindustrie
VDE: Verband der Elektrotechnik Elektronik Informationstechnik
VE: Voreinspritzung
VFR: Variabler Focus-Reflektor
VHAD: Vehicle Headlamp Aiming Device
VHD: Vertical Hall Devices
VHDL: Visual Hardware Description Language
VLSI: Very Large Scale Integration

W

WAN: Wide Area Network
WLAN: Wireless Local Area Network
WPAN: Wireless Personal Area Network
WUP: Wakeup Pattern
WUS: Wakeup Symbol